行家带你选

琥珀·蜜蜡

姚江波 / 著

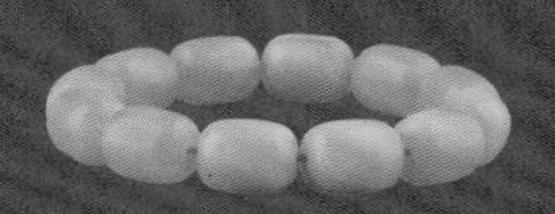

中国轻工业出版社

图书在版编目（CIP）数据

行家带你选琥珀蜜蜡 / 姚江波著 . — 北京：中国轻工业出版社，2018.4

ISBN 978-7-5184-1875-6

Ⅰ . ①行… Ⅱ . ①姚… Ⅲ . ①琥珀 – 基本知识 Ⅳ . ① TS933.23

中国版本图书馆 CIP 数据核字 (2018) 第 035191 号

责任编辑：高惠京　　责任终审：劳国强　　整体设计：锋尚设计
策划编辑：龙志丹　　责任校对：李　靖　　责任监印：张京华

出版发行：中国轻工业出版社（北京东长安街6号，邮编：100740）
印　　刷：北京博海升彩色印刷有限公司
经　　销：各地新华书店
版　　次：2018年4月第1版第1次印刷
开　　本：720 × 1000　1/16　印张：10
字　　数：200千字
书　　号：ISBN 978-7-5184-1875-6　定价：58.00元
邮购电话：010-65241695
发行电话：010-85119835　传真：85113293
网　　址：http://www.chlip.com.cn
Email：club@chlip.com.cn
如发现图书残缺请与我社邮购联系调换
141765S6X101ZBW

前言

琥珀是一种有机宝石，由碳、氢、氧组成，其形成通常需要千万年，甚至上亿年。

蜜蜡和琥珀本质上是一样的，在国外并没有琥珀和蜜蜡之分，琥珀包含蜜蜡。但在我国，由于蜜蜡颜色如蜜，光泽似蜡，人们习惯于将琥珀和蜜蜡分开称谓。

一滴柏科植物的树脂可以在空气中瞬间凝固，如果它滴在小昆虫身上，便将其永远定格在琥珀之中，直至千百万年后呈现在我们面前，这便是虫珀。如果里面包含的是植物，那么则称为花珀。依据不同的分类标准，琥珀可以分为多种类型，如血珀、金珀、骨珀、花珀、蓝珀、虫珀、香珀、石珀等。蜜蜡也是如此。所谓的“色如蜜”，只是纯正蜜蜡的色彩，而大多数蜜蜡在形成的过程中，由于经历了沧海桑田，在不同的埋藏环境里，所受到矿物侵染的程度有所区别，如在含铁的环境当中，会变成棕红、铁红、枣红等，总之环境不同色彩不同，常见的蜜蜡色彩有金黄色、红色、橘红色、蓝色、米色、紫红色、青色、褐色、鸡油黄、白色、棕色、黑色等，犹如璀璨群星。

琥珀蜜蜡的产地也非常多，中国及世界上很多国家都有产，如俄罗斯、乌克兰、法国、德国、英国、罗马尼亚、意大利、波兰等国，但以波罗的海沿岸国家为主，特别是俄罗斯的产量最大，基本上占到整个世界琥珀产量的90%以上。我国主要产于抚顺，属于矿珀，另外，河南、广西等地也有产，但宝石级的琥珀蜜蜡难觅，目前琥珀蜜蜡主要以进口料为主。

琥珀蜜蜡在我国很早就有见，汉代墓葬中就经常见到随葬的琥珀，蜜蜡少一些，魏晋以降，直至明清都是这样。但从数量上看，中国古代的琥珀蜜蜡总量并不多，主要以串珠和一些很小的雕件为主，大型的器皿基本没有，这主要与古代材质的稀少和进口不畅有关。当代琥珀蜜蜡则在数量上达到了一个新高度，市场上琥珀蜜蜡制品琳琅满目，数量颇多，且比古代的琥珀蜜蜡品质更优，精品力作频现，这与当代我国已成为世界上琥珀蜜蜡最大的进口国有关，大量的进口备料为精品力作的出现奠定了基础。

琥珀蜜蜡制品自产生之后就以前所未有的速度迅猛发展，唐宋以来，产生了串珠、项链、平安扣、隔珠、念珠、胸针、吊坠、笔舔、印章、瓶、供器等极其丰富的造型，直至当代，琥珀蜜蜡已经成为人们把玩和佩戴的主流饰品之一。

中国古代琥珀蜜蜡虽然已离我们远去，但人们对它的记忆是深刻的，这一点反应在收藏市场上。收藏市场上历代琥珀蜜蜡都受到了人们的热捧，特别是明清琥珀蜜蜡，在拍卖行经常可以看到其身影。由于中国古代琥珀蜜蜡是人们日常生活中真正佩戴和把玩的饰品，所以从客观上看收藏到古代琥珀蜜蜡的可能性比较大。但由于琥珀蜜蜡十分珍贵，价格较高，在暴利的驱使下，也注定了各种各样的伪品频出，高仿品与低仿品同在，鱼龙混杂，真伪难辨，因此，琥珀蜜蜡的鉴定也成为一大难题。

本书以文物鉴定角度出发，力求将错综复杂的问题简单化，以质地、色彩、光泽、密度、造型、纹饰、厚薄、重量、风格、雕工、打磨等鉴定要素为切入点，具体而细微地指导收藏爱好者由一件琥珀蜜蜡的细部去鉴别真假、评估价值，力求做到使藏友读后由外行变成内行，真正领悟收藏，从收藏中受益。

以上是本书所要坚持的，但一种信念再强烈，也不免会有缺陷，不妥之处，希望大家给予无私的批评和帮助。

姚江波

目录

第一章

赏琥珀蜜蜡

第二章

辨真伪

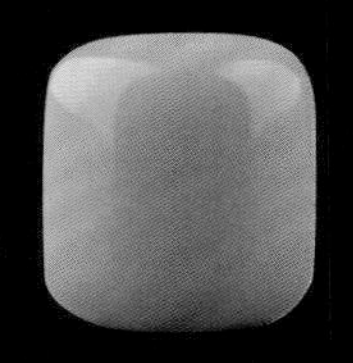

第三章

知优劣

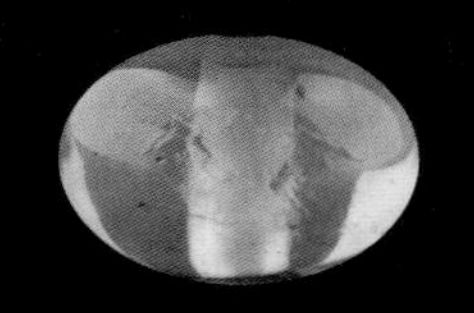

第四章
逛市场

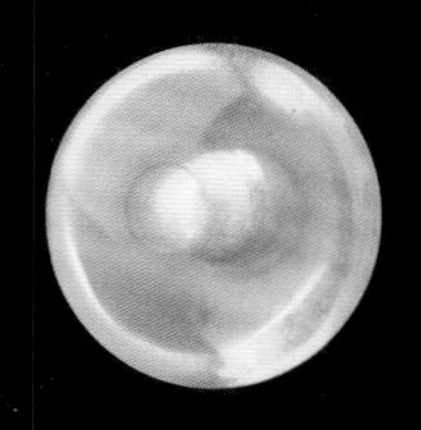

第五章
评价格

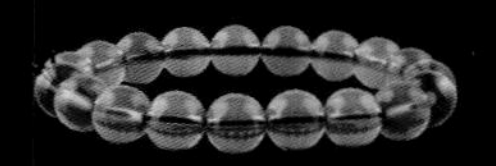

第七章

市场趋势

琥珀蜜蜡以其“色如蜜，光似蜡”的固有属性轻易获取了人们的青睐，自商周时期直至当代，人们对琥珀蜜蜡趋之若鹜。琥珀蜜蜡也被赋予了众多的人文情怀，其温润、坚硬、细腻、绚丽、透明的质地完全符合“石之美，有五德”的观念；穿孔、打磨后的琥珀蜜蜡变成了精美的吊坠、项链，成为名贵的珠宝首饰；有些琥珀蜜蜡制品还镌刻铭文，歌以咏志等。琥珀蜜蜡为人们提供了美好的生活体验，同时也是人们对于雅致生活追求的结果。

第一章

赏琥珀蜜蜡

琥珀蜜蜡的概念

琥珀是一种有机宝石，同时也是一种化石，是由碳、氢、氧组成的化合物。在千万年前，由滴落的柏科植物的树脂，在空气中迅速硬化并掩埋于地下，在地层的压力和热力的作用下石化而形成。

依据琥珀的色彩及特征可以大致分为血珀、金珀、骨珀、花珀、蓝珀、虫珀、香珀、翳珀等。

琥珀形成的时间长短不一，目前已经发现有上亿年的琥珀，欧洲、美洲、中东等地区都有见，其中以波罗的海沿岸国家产量为最多，如俄罗斯、德国、波兰等，尤以俄罗斯的产量最大，占到90%以上。另外，美洲的多米尼加、墨西哥、智利、阿根廷、哥伦比亚、厄瓜多尔、危地马拉、巴西等国也有见。我国辽宁抚顺、河南西峡等地也产琥珀，品质优良不一，形状为饼状、团状、水滴状，产量不高，因此目前我国琥珀主要还是依靠进口。

血珀串珠

血珀筒珠

仿花珀算珠

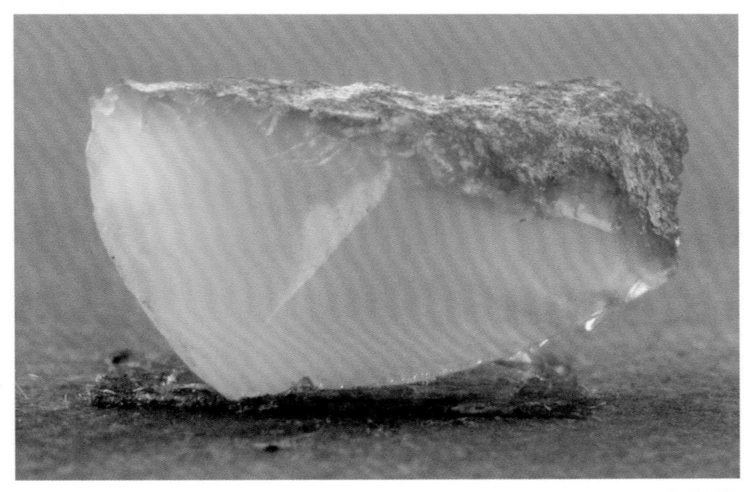

蜜蜡摆件

蜜蜡是琥珀的一种，在化学成分上与琥珀没有区别。呈不透明或半透明的琥珀就称作蜜蜡，因其色彩如蜜，光泽似蜡，故而得名。

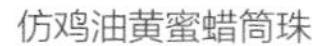

仿鸡油黄蜜蜡筒珠

白色蜜蜡随形摆件

蜜蜡形成的时间更为长久，一般的蜜蜡也有几千万年到上亿年，故民间有“千年琥珀，万年蜜蜡”之说。但形成时间并不是确定蜜蜡的唯一标准，在国外，很多国家其实并没有将蜜蜡同琥珀分开，而我国则将蜜蜡作为一个相对独立的概念使用，而且在这个概念下还分化出了诸多品种，如老蜡、浅黄蜜蜡、绿色蜜蜡、土色蜜蜡、咖啡色蜜蜡、红棕色蜜蜡、鸡油黄蜜蜡、橘红蜜蜡、米色蜜蜡、白色蜜蜡、蛋清色蜜蜡等。

商周秦汉时期的琥珀蜜蜡

商周秦汉时期，琥珀在出土位置上特征明确，主要以墓葬出土为主。

从件数上看

琥珀在商周时期很少见，墓葬出土多以1件为主，如广西壮族自治区文物工作队在广西合浦县九只岭东汉墓发现的汉代琥珀饰1件（见《考古》2003年10期记载）。到了秦汉时期，琥珀数量较之前代有所增加。

从完残上看

商周秦汉琥珀有完整的，主要以汉代为常见，多为小件如印章等，而大多数是不完整的，有着散乱、残断、磕碰、磕伤、磨伤、崩裂、划伤等各种残缺。特别是穿系串珠的绳子，在墓葬中一段时间就会腐烂，断掉后珠子就会散落一地。

从伴生情况上看

琥珀在商周秦汉时期是作为一种玉器的材质在使用。汉代许慎《说文解字》中，称玉为“石之美，有五德”。所谓五德，即指玉的五个特征，凡具温润、坚硬、细腻、绚丽、透明的美石，都被认为是玉。

从穿孔上看

这一时期琥珀的穿孔技术延续新石器时代，技术非常高，也很成熟，例如上文提到的九只岭东汉墓出土的汉代琥珀饰，穿孔技术便已经相当成熟，圆度规整，琢磨细腻。实际上在新石器时代钻孔技术就已经十分发达，著名的红山文化和良渚文化中都有着发达的钻孔技术。红山文化三联璧是在一件大的原料之上连续打三个大小不同的孔，其技术水平要求极高，显示了高超的钻孔技术。对于蜜蜡这种质地很软的材质，钻孔应该是很容易的事情，这一点毋庸置疑。

从打磨上看

打磨特别精细，不留死角，手工和机械相互结合。商周多使用青铜砣轮，而汉代应该使用的是锻铁砣轮。砣轮的使用使得复杂器物的制作成为可能。

从使用痕迹上看

商周秦汉琥珀在使用痕迹上比较容易判断，如外表受到氧化的程度、穿系处绳子磨损的程度等，都比较常见。但残缺本身是一种偶发现象，并不具备规律性特征，鉴定时应能理解。

从纹饰上看

这一时期的琥珀很少发现纹饰，特别是商周时期基本上看不到纹饰，秦汉时期有一些琥珀纹饰，例如江苏邗江县姚庄102号汉墓出土的西汉琥珀印，“印面上为线刻阴文”。这些简单的纹饰，以刻划为主，手法娴熟，辨伪时应注意分辨。

从铭文上看

商周时期由于出土文物有限，特征并不明确，秦汉时期在铭文上特征明确。上文提到的姚庄102号汉墓出土的西汉琥珀印，便刻有“常乐富贵”四字。而九只岭东汉墓出土的汉代琥珀印章，印文为篆书刻的“黄昌私印”四字。秦汉时期的铭文主要以吉祥语为主，从造型上看，以印章为常见。

无时代特征橘红色琥珀随形摆件

无时代特征蜜蜡随形摆件

从色彩上看

色彩上主要以红色、橘红、深黄等色为主。姚庄102号汉墓出土的西汉琥珀印便为橘红色琥珀质，当然这可能不是琥珀真正的本色，而是厚厚的包浆的色彩。

从做工上看

做工精湛，精益求精是其显著特点，特别是汉代琥珀，其工艺特别精致，圆雕和片雕都有见，当然这也与琥珀质地较软，很容易雕刻有关。

从功能上看

商周时期琥珀的功能基本上作为玉器的一种，秦汉时期也是这样，但在功能上较为复杂化，如明器、首饰、财富象征、艺术品等的功能应该都存在。

从大小上看

商周时期由于发掘出土很少，我们几乎无法勾勒出一个大致的概率范围。而秦汉时期，九只岭东汉墓出土的汉代琥珀印，高1.2厘米、宽0.6厘米；姚庄102号汉墓出土的西汉琥珀印，边长1.1厘米。都是非常小的印章。从其他出土的文物来看，有的琥珀印章的高度才有零点几厘米。这充分说明了商周秦汉时期的琥珀是以小器为主导，说明当时琥珀原料极为缺乏，鉴定时应注意分辨。

从蜜蜡上看

商周秦汉时期的蜜蜡很少见到出土，在当时可能蜜蜡和琥珀是混合在一起的概念。不论古人是否像我们现在这样对琥珀分得那么细，但从出土器物来看，的确很少见到我们现在认为的蜜蜡，因此蜜蜡的特点不足为据，在这里就不过多赘述了。

六朝隋唐辽金时期的琥珀蜜蜡

六朝隋唐辽金时期是一个跨度非常长的时期，然而琥珀蜜蜡依然处在发掘出土很少的状态。

从件数上看

琥珀出土数量很少，这应该与六朝时期官府禁止厚葬有关。据1998年8期《考古》记载，江苏南京市北郊郭家山东吴纪年墓出土了9件六朝串饰，墓葬出土这个数量应该算是比较多的了，但一般情况下以一两件为主，如1998年8期《考古》中记录的江苏南京市富贵山六朝墓地出土的六朝琥珀狮1件，同一墓地还出土有六朝琥珀管1件。隋唐宋辽时期琥珀在出土数量上依然不多，2001年6期《考古》记录西藏浪卡子县查加沟古墓葬出土的五代石串饰1件（五代石串饰指的是琥珀、玛瑙等）；《文物》（1996.1）中《辽耶律羽之墓发掘简报》记录有“从琥珀串饰上鉴定。五代、辽，红褐色，形状不规整，穿孔，大小有别，长1.3～3.8厘米、宽0.9～2.2厘米”。数量依然不多，且主要出土于辽代高级墓葬；六朝隋唐辽金时期的蜜蜡在数量比琥珀要少，但与前代相比有一定量的增加，不过总量依然很小。

从完残上看

这一时期的完整器有见，多是一些小件，夹杂在墓葬当中的一个相对狭小的环境中从而保存下来，如一些散落的串珠、项链等，珠子和散件通常在地层未经过扰乱的情况下可以复原；但大部分琥珀残缺比较严重，如残断、磕碰、磨伤、崩裂、划伤等都比较常见。至于蜜蜡，完整器有见，基本情况同琥珀差不多，以残缺的情况更为常见，如残断、崩裂、划伤等。

从伴生情况上看

多与玛瑙、琉璃珠等制品伴生出土，基本上将琥珀作为广义玉器的一种在使用；蜜蜡基本上作为一种装饰性存在，与其共生的器物也都是此类，以珠宝类为主，辨伪时应注意分辨。

从穿孔上看

这一时期，琥珀穿孔较为常见，如上文提到的查加沟古墓葬出土的五代琥珀串饰，均有穿孔。穿孔特征是精益求精，一丝不苟，钻孔并不影响其美观，在穿孔位置上各种各样。例如南京市富贵山六朝墓地发掘的六朝琥珀管，便是两端穿孔。这并不是孤例，在同一座墓葬当中还出土了一件六朝琥珀狮，也是两端穿孔，可见两端穿孔在当时应该是比较流行的。同时中间穿孔的情况也有，如南京市北郊郭家山东吴纪年墓出土的六朝串饰，便是中间穿孔，看来中间穿孔在当时也比较流行。同时期的蜜蜡穿孔也较为常见，讲究对称，孔洞圆度规整，非常完美，非常自然，对于一些较为复杂的器物，以两端打孔为主；从数量上看，主要还是以中间穿孔为多见。

从打磨上看

六朝隋唐辽金琥珀在打磨上是全方位的，通常多用砣轮制作，大多数古琥珀被打磨得相当仔细，圆度规整，只有少数打磨得不是很好，当然这与原料的优良情况有关，通常情况下优良的料打磨更为仔细。蜜蜡在打磨上也是极尽心力，非常漂亮，打磨非常仔细，虽然是手工制作，但也是圆度规整，十分精致。

从使用痕迹上看

经常使用的琥珀通常色彩更深、有包浆，有穿孔者多有磨损。因为在当时琥珀多是作为实用器在使用，磨损的程度主要看是什么样的器物，如印章经常带着，自然磨损就比较严重。蜜蜡基本也是这样，就不再过多赘述。

从纹饰上看

琥珀纹饰常见有水波纹、联珠纹、弦纹、网格纹、锯齿纹、蕉叶纹、兽纹等，线条流畅，讲究对称，构图合理，十分简洁，纹饰写实性比较强，装饰纹饰多在显著位置。蜜蜡的纹饰讲究对称，构图合理，但纹饰简洁，看来并不是以纹饰取胜，只是一种点缀。

从铭文上看

在琢刻铭文上基本延续了秦汉，造型以印章为主，内容都是一些吉祥语，如“常乐富贵”等。

从色彩上看

六朝隋唐辽金琥珀在色彩上主要以深色调琥珀为主，南京市富贵山六朝墓地发掘的六朝琥珀管便为深红色，像蜜蜡一样的浅色并不流行。

从做工上看

做工上精益求精，几无缺陷，很少见到粗制滥造的作品，当然这与琥珀蜜蜡材质的珍贵性有关。

从功能上看

主要以陈设装饰的功能为主，同时伴随着实用器、明器、首饰、项饰、佩饰、耳饰、陈设器、财富象征、艺术品等用途，这些功能有的是重合的，有的则是单独存在的。

从大小上看

南京市富贵山六朝墓地发掘的六朝琥珀狮，高1.78厘米，长2.07厘米，宽2厘米。看起来还是比较小，依然是以小器为主。但这个尺寸较之前代的确有一定的进步。

无时代特征琥珀摆件

宋元明清时期的琥珀蜜蜡

宋元明清时期的琥珀物以稀为贵，已经成为当时人们所认识到的重要珠宝，串珠、腰带、项链等都较为常见。

从出土位置上看

据1999年10期《考古》记载，江苏南京市邓府山明佟卜年妻陈氏墓出土明代金龙裹琥珀冠饰，出土于墓室前侧胸部位置，可见多是墓主人随身携带。这一时期的蜜蜡在出土位置上和琥珀基本相似，多放置在棺内。

从件数上看

墓葬和遗址出土的宋元时期琥珀制品很少见，但明清墓葬当中有见。1999年10期《考古》记载，江苏南京市明黔国公沐昌祚、沐睿墓出土明代琥珀簪2件，同时该墓还出土了琥珀杯、金链琥珀挂件等。可见件数特征基本延续前代，以一到几件为多见。明清时期最常见到的还是传世品，有一定的量，琥珀数量明显多于蜜蜡。

从完残上看

这一时期完整的琥珀数量最多，在博物馆、拍卖行、古玩市场及众多的私人收藏品中，我们都发现了数量众多的毫无瑕疵的琥珀，以明清时期为主，特别是清代数量比较多见。墓葬随葬则多是有残缺的，例如前文提到的南京市邓府山明佟卜年妻陈氏墓出土的琥珀项链，原形难辨，出土时已散落，共见92颗。这与墓葬和遗址的保存环境有关。虽然琥珀不腐，但是穿系的绳子却撑不了多长时间，腐烂后断裂，从而使串珠散架。散落的琥珀需要重新穿系，有的可以复原，但复原器显然在串联方式等各个方面与真实器物还是有微小的差别，这点我们应注意分辨。另外，磕碰、绺裂、磨伤、字迹模糊等情况都会有，但通常不是很严重。划伤的情况较为常见，这与琥珀质软有关。这一时期完整的蜜蜡有一定的量，但毫无瑕疵的蜜蜡很少见，和琥珀的情况类似，多是有这样或那样的小瑕疵，如散落、磨伤、划伤等。

从伴生情况上看

继续作为一种装饰品存在，与其共生的器物也都是如此。例如南京市北郊郭家山东吴纪年墓就同时出土了琥珀串饰及水晶制品。

从穿孔上看

穿孔特征继续延续传统，以中间穿孔为主，讲究对称，讲究融合。另外，这一时期的琥珀蜜蜡在穿孔多元性上也是迅猛发展。南京市邓府山明佟卜年妻陈氏墓出土的金龙裹琥珀冠饰，便是从背面如意云头上进行穿孔。在纹饰之间进行穿孔，在穿孔数量及部位上与传统相比都有很大突破和创新，如用打孔来代替瑞兽的眼睛等，非常巧妙地将穿孔与造型等结合在了一起。

从打磨上看

打磨精益求精，彰显了高超的打磨技艺，特别是对于复杂纹饰之间的打磨都非常到位，将打磨与整个器物造型纹饰融为一体，使我们感觉琥珀蜜蜡天生就是这样的温润。

从使用痕迹上看

色彩和包浆、铭文的清晰程度等，都是判断琥珀蜜蜡使用痕迹的重要标准。这一时期的琥珀蜜蜡由于时间久远，通常色彩变深，包浆的颜色也是这样，铭文都有不同程度的模糊。

从镶嵌上看

宋元明清的琥珀蜜蜡在镶嵌上已经蔚然成风，如镶嵌戒指、项链等都很常见。南京市明黔国公沐昌祚、沐睿墓出土的金链琥珀挂件，金链上挂三角形紫红色琥珀一块，可见这件器物是金、琥珀两种材料镶嵌在一起。两种贵重的材料相结合，更增加了其贵重性，说明人们对琥珀的认识是越来越朝着贵重性的方向发展。

从纹饰上看

这一时期琥珀蜜蜡在纹饰上十分繁荣。1999年10期《考古》记载，江苏南京市板仓村明墓发掘出土的明代琥珀腰带，“上雕人物舞狮图案，狮子均由一人用绳牵引”。可见宋元明清琥珀纹饰不再是简单的几何或者花卉纹，而是具有情节性、场景特点的图案，构图严谨，讲究对称，各种纹饰相互映衬，动感也比较强。江苏南京市明黔国公沐昌祚、沐睿墓出土的明代琥珀杯，“杯外透雕渔翁、渔婆、鱼鹰等，渔翁右手扶于杯沿，左手抓一条鱼，身体向外倾斜而构成把手”。这幅图动感非常强烈，动作连贯，将渔翁抓鱼的动作描绘得淋漓尽致，栩栩如生。明清时期琥珀蜜蜡在纹饰上真正走向了繁荣，形成了造型、工艺、纹饰并重的制作工艺体系。

从铭文上看

南京市明黔国公沐昌祚、沐睿墓出土的明代金链琥珀挂件，反面刻“瑶池春熟”四字，是吉祥语。明清时期的琥珀上也有一些较为复杂的铭文，如诗文等，以小见大，很有情趣，诗、书、画结合的特点已然明确。

从色彩上看

这一时期琥珀蜜蜡在色彩上比较复杂。南京市板仓村明墓出土的琥珀腰带，琥珀带板皆呈紫红色。南京市邓府山明佟卜年妻陈氏墓出土的琥珀项链，红色略泛褐。可见以深色调为主，但显然这不是琥珀自身的色彩，主要还是受到埋藏环境的影响所致，这样色彩自然就复杂化了。环境是影响琥珀色彩的重要因素，我们在辨伪时应注意分辨。

从做工上看

工艺精致，做工精良，一丝不苟，这与琥珀蜜蜡材质的珍贵性有关，特别是进口的材质，以蜜蜡数量多一些，在工艺上特别讲究，很少见到败笔。

从功能上看

功能特征进一步细化，如明器、文具、陈设、装饰、首饰等都常见，但主要还是以陈设装饰的功能最为显著。

从大小上看

南京市板仓村明墓出土的琥珀饰件，高4.3厘米；同一墓葬出土的明代琥珀腰带，宽5厘米。南京市明黔国公沐昌祚、沐睿墓出土的明代琥珀杯，高4厘米；同一墓葬出土的琥珀簪，长14.9厘米；金链琥珀挂件，链长33.4厘米。南京市邓府山明佟卜年妻陈氏墓出土的明代琥珀项链，宽3厘米。由此可见，这一时期的琥珀蜜蜡与前代相比，在高度上和长度上已经有了飞跃。这可能与人们的审美习惯有了一定的改变有关，基本上已经接近于我们当代人对审美的需求。宽度与前代相比增长不大，虽然是增长的趋势，但没有长度的增长明显。厚度也有所增加，但增加的幅度比宽度还要小。可见在宋元明清时期琥珀蜜蜡在材质上依然是匮乏的，在人们审美习惯倾向于宽大的同时，只能在厚薄上有所保留，这一点我们在辨伪时应注意体会。

民国及当代的琥珀蜜蜡

民国琥珀蜜蜡时间距离现在太近，所以基本上以传世为主，墓葬中随葬也有见，但整体来看数量比较少；当代蜜蜡不存在出土位置的问题。

从件数上看

民国琥珀蜜蜡在数量上有限，多是串珠、戒指、烟壶等产品，品质较差。进口料少，以抚顺等地的矿珀为多，总体不如清代数量丰富。当代琥珀蜜蜡在数量上达到了最高水平，出现了大量造型，可谓琳琅满目，如串珠、项链、手链、佩饰、把件、龙、貔貅、狮、虎、山子、平安扣、隔珠、隔片、念珠、胸针、笔舔、炉、印章、瓶、供器、臂搁、佛珠、水盂、吊坠、如意、桃子、弥勒等，这与当代琥珀蜜蜡材质的大量进口有关，特别是波罗的海沿岸国家的琥珀大量进入我国，使得中国解决了几千年来的琥珀蜜蜡原料缺乏问题，特别是普通的原料备料很多，支撑着中国历史上最为繁荣的琥珀蜜蜡时代，相信在今日盛世收藏之风的推动下，琥珀蜜蜡在数量上一定能够再上新高，实现人们对于琥珀蜜蜡的期望，“旧时王谢堂前燕，飞入寻常百姓家”。

老蜡珠

蜜蜡随形摆件

无时代特征琥珀随形摆件

从完残上看

民国琥珀蜜蜡以传世品为多见，所以保存完整的器皿很常见，甚至完好无损的器皿都很常见。当代琥珀蜜蜡制品基本上都是完好无损的，这与商品的属性有关。从残缺的情况来看，民国琥珀蜜蜡也有有残缺的情况，这是因为传世的琥珀蜜蜡由于时间过长，保存的位置也不一样，有的存放位置刚好是有污染的地方，有的是在搬家过程中磕碰和磨损等，总之，各种各样的残缺，程度不同的残缺都有可能在民国传世品上出现，如散落、磕碰、裂缝、磨伤、字迹模糊、划伤等，这些都是很正常的现象。

金珀珠

从组合成器上看

民国及当代琥珀蜜蜡组合成器的情况很普遍，琥珀蜜蜡与银饰、翡翠、水晶、玛瑙、和田玉、钻石、红宝石、蓝宝石、猫眼、祖母绿、海蓝宝石、托帕石、橄榄石、石榴石、蓝晶石、塔菲石、天青石、欧泊、绿松石、鸡血石、寿山石、绿泥石、珍珠、煤精、砗磲、珊瑚、朱砂等宝石经常组合在一起成器，方式各种各样，典型的如手链，将不同材质的串珠串联在一起，称之为多宝串。

朱砂仿花珀珠组合手链

蜜蜡串珠

从穿孔上看

穿孔特征基本延续前代，穿孔弧度圆润，非常规整。当代由于机械化钻孔，更加精准一些，从钻孔部位上看，基本是以中孔为主要特征，讲究对称。

从数量上看

当代机器钻孔的确是提高了生产效率，为当代串珠类器皿的流行奠定了技术上的基础。

从打磨上看

民国时期依然延续前代，特别是与清代比较相像，但在工艺上不及清代细致。从当代制品上看，对于打磨相当重视，打磨仔细、极为重视细节，不放过任何死角，通体打磨干净，无论大小，只要是露在外面的都要做抛光处理，哪怕是一个小隔珠都打磨得相当仔细。之所以出现这种繁荣的局面，一方面是由于工艺态度延续明清，有明清工艺精湛之韵，另一个主要原因是机械化打磨提高了效率，使标准化生产成为可能。而琥珀蜜蜡的硬度又比较低，本身就比较容易打磨，于是打磨和抛光在当代似乎登上了一个前代所不能企及的高度。

打磨光滑的仿蜜蜡筒珠手串

从使用痕迹上看

与历代没有太大区别，人们可以通过其穿系孔的磨损程度来进行观察，另外也可以通过其包浆的程度来看，以及人为所造成的残缺来进行观察。当代琥珀蜜蜡在使用痕迹上比较复杂。因为蜜蜡越盘玩越好，有很多人会用盘玩过的料来冒充老蜜蜡，这时我们就需要区分仿老蜜蜡与老蜜蜡。其实很好判断，因为蜜蜡的盘玩不是一朝一夕的事，短时间很难盘玩出老蜡的样子，反而会留下使用痕迹，我们要仔细观察。

老蜡珠

仿老蜡珠

琥珀蜜蜡戒指

从镶嵌上看

镶嵌的使用更为普遍，如传统的戒指、项链等很多镶嵌琥珀，特别是当代这样的造型不胜枚举，花样繁多，与之相对应的质地也有很多，最常见的如金、银、钻、水晶等，已经形成一种风尚。

从纹饰上看

民国琥珀蜜蜡在纹饰题材及雕刻手法上更多是继承明清，创新不是很多。当代也主要继承了明清及民国的特点，但不仅是继承，也有很大创新，在纹饰上取得了很大的成就。常见的纹饰题材有花卉、动物、婴戏、生肖、侍女、合和二仙、八仙、人物故事、历史故事、神话故事、博古纹、杂宝、吉祥图案、观音、弥勒等，这些纹饰在出现频率上都比较高，从数量上看，以观音和弥勒佛的挂件为最多。这一时期的纹饰，构图合理，讲究对称，繁缛与简洁并举，线条流畅、自然、刚劲、有力，多数雕琢精细，具有极高的艺术水平。但以电脑软件代替工匠进行操作的程式化的纹饰比较常见，这是当代琥珀蜜蜡在纹饰上挥之不去的音符，其优点是大量节省人工，轻按键盘，系统就可以自动对器物进行雕刻，纹饰几乎缺陷，避免了因手工而带来的败笔。但缺点是显而易见的，人的创造性被软件所代替，创新性明显不足，甚至不如明清时期，这是我们当代需要注意的一个问题，在流水线生产的同时必须同时加强设计的更新和创造性。

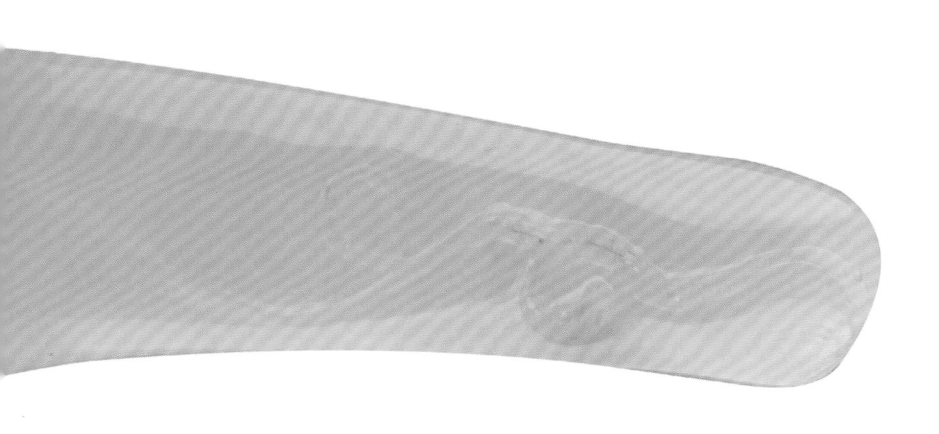

纹饰简洁的蜜蜡如意

蜜蜡如意

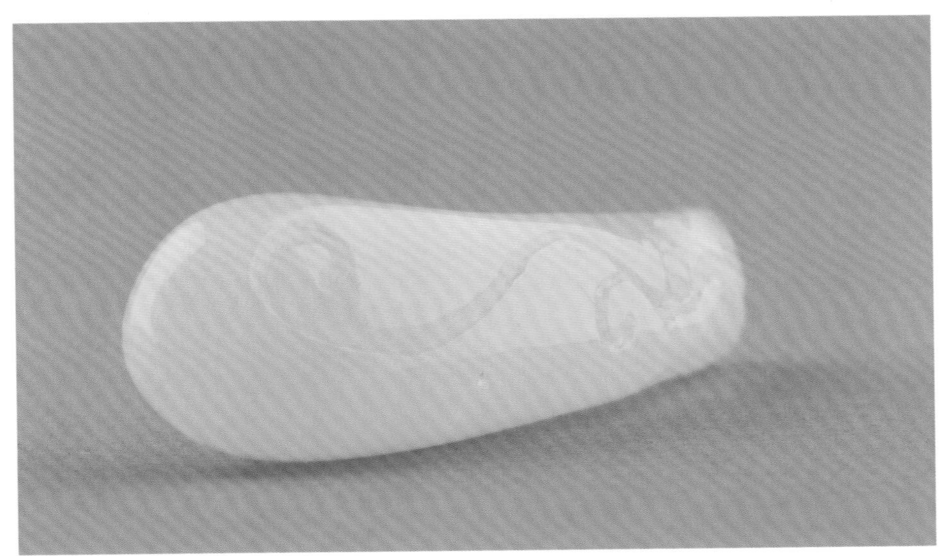

蜜蜡如意

从铭文上看

民国时期琥珀蜜蜡在铭文上基本上继承了前代，以印章、鼻烟壶等为主，印文、诗文等都有，由于和清代很相近，就不再赘述。当代琥珀蜜蜡在铭文上极大地扩大化了，可以在任何地方琢刻文字，如会在佛珠之上铭刻大悲咒，每个佛珠上整齐划一地书写有几十个文字，也有在平安牌上刻上几字箴言、诗文等，可见其繁缛至极。当然这与当代先进的技术手段有关，使用机器镌刻铭文，这是以往所不能想象的。刻有大悲咒的手串，将几百字镌刻在一个小串珠上，销售价格又不高，这只有机器能够做到，如果是人工制作，工钱都可能是销售价格的几十倍。所以当代机械制作的作品和手工的作品是没有办法放在一起比较的，也没有比较的意义，但是当代铭文在内容上还是新颖的，且内容丰富，深受人们喜爱。

从色彩上看

民国时期的琥珀色彩以深色为主，依然延续了古代琥珀在色彩上的特点，这可能与民国时期原料的限制有关系，当时波罗的海沿岸国家色泽较浅的蜜蜡等很少能够进口到中国，而主要是使用国产料，或是缅甸进口的原料，其色彩本身就比较深，且民国琥珀蜜蜡在时间上也比较长，其本身颜色也会变深，所以深色是民国时期琥珀蜜蜡色彩的主要特点。当代琥珀蜜蜡色彩十分丰富，有鸡油黄、白色、棕色、黑色、蛋清色、紫色、蓝色、绿色、浅黄、土色、红色、橘红等，不仅有深色而且有较浅的颜色。而且出现了一些新的流行色彩，如鸡油黄。像鸡油一样的黄色，润泽、细腻。这是中国人在很早之前就追求的一种色彩，如在明代景德镇就烧制出了鸡油黄的瓷器。现在鸡油黄已成为蜜蜡的一个很重要的细化品种。不过除了这些稀有的品种外，一般情况下琥珀蜜蜡的色彩是以色彩纯正的程度取胜，色彩越纯越能赢得人们的心。

鸡油黄蜜蜡镶嵌戒指

从做工上看

民国琥珀蜜蜡在做工上非常好，主要延续清代，几乎都是精益求精，一丝不苟，在打磨上也非常好。当代蜜蜡在工艺上也很精致，态度认真，打磨仔细，非常光滑，多数使用机械打磨，有时机械无法打磨到的地方辅以手工打磨。工艺手法多样化，如片雕、半圆雕、圆雕、镂雕、浮雕、浅浮雕等都有，几乎所有的雕刻手法都运用到了，可见人们对于工艺的重视程度。

从功能上看

民国琥珀蜜蜡以陈设装饰为主，把玩、佩戴都常见。当代琥珀蜜蜡在功能上比较复杂一些，宏观上也是以陈设装饰为主，但微观上，以首饰、饰品、财富象征等功能为显著特征。

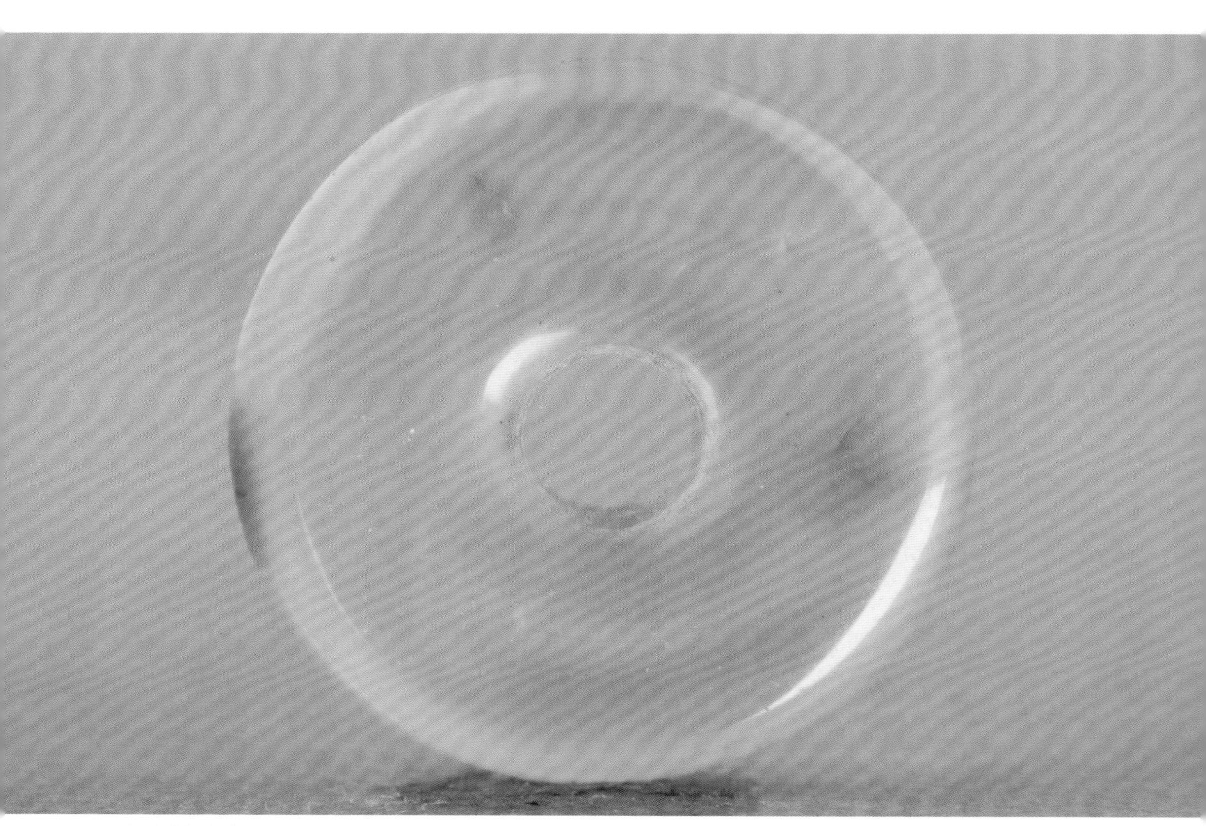

打磨精细的琥珀平安扣

从大小上看

民国的琥珀蜜蜡大小兼备，小的如戒面、耳钉、珠子，大的如山子等，不过从传世来看总体还是趋于以小器为主，大器很少见到。当代琥珀蜜蜡的高度呈现出多元化的趋势，五六厘米、七八厘米、十几厘米的情况都有，有些山子和摆件的高度可以说是相当高。从宽度上看，数值小的宽度只有0.5厘米左右，如戒面、小的珠子等；数值大的宽度能达到十几厘米，如山子、摆件、人物、佛像、玺印等，与前代相比有较大进步，这与当代琥珀原料的易得性有关。厚度特征上是厚薄兼具，总的趋势是以厚为主，这与当代琥珀蜜蜡的计价方式也有关系，一般是以克论价，这样也就导致了当代琥珀蜜蜡在厚度特征上不受惜料的影响。

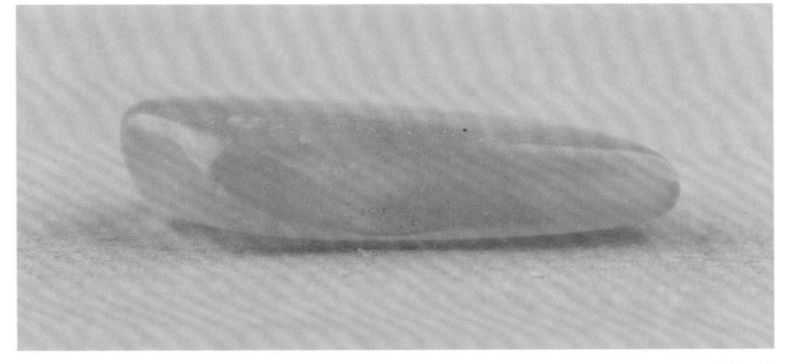

蜜蜡摆件

琥珀蜜蜡手串

琥珀蜜蜡的辨伪主要包括两种，一种是对古代文物琥珀蜜蜡的辨伪，另外一种是当代琥珀蜜蜡质地的辨伪，一般包括断时代、辨真伪、评价值等。无论对哪个时代的琥珀蜜蜡进行辨伪，实际上是一种行为方式，都是人们鉴别琥珀蜜蜡的手段和方法的总和，因此辨伪方法并不具体。在鉴定时我们要注意到辨伪方法在宏观和微观上区别。另外，还要注意对于琥珀蜜蜡的鉴定和辨伪不是一种方法可以解决的，而是需要综合性地来解决问题。

第二章

辨真伪

硬度辨伪

蜜蜡的硬度和琥珀基本相当，实际上琥珀和蜜蜡本身就是一种材质，只是将琥珀中的一种色如蜜、光如蜡者单独挑出称为蜜蜡。硬度是琥珀蜜蜡抵抗外来机械作用的能力，如雕刻、打磨等，是其自身固有的特征，同时也是鉴定的重要标准。琥珀蜜蜡虽然也是化石，但属于质地比较软的化石，通常硬度在2～3之间，有利于雕刻，一般的刻刀就可以在琥珀上削铁如泥般运刀。目前仿造琥珀蜜蜡的材质很多，如树脂类、多种塑料等都与其在外表上有相似之处，所以在鉴定真伪时一定要进行硬度的测定，这是琥珀蜜蜡鉴定的一个重要环节。

蜜蜡摆件

仿蜜蜡算珠

断口辨伪

琥珀蜜蜡的断口，就是在应力作用下产生的破裂面，断口也是决定琥珀蜜蜡真伪及价值的重要依据。通常情况下断口特征各异，但大致可以分为齿牙状、起伏不平状，还是就是蚌贝状的断口，在这几种断口大类中，贝层状断口应是比较好的一种，比较适合雕刻，具有优质珠宝的基本属性。鉴别时应注意分辨。

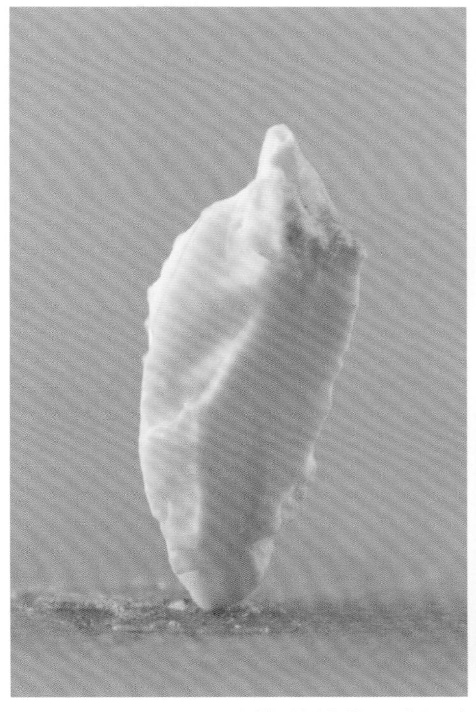

蜜蜡摆件（起伏不平状断口）

蜜蜡摆件（贝层状断口）

无时代特征蜜蜡摆件（贝层状断口）

产地辨伪

琥珀蜜蜡的产地较多，国内抚顺主要产的是矿珀。河南西峡也产琥珀，但细碎，质很差，多用于医药，用于艺术品加工的很少，能够达到蜜蜡品级者更少。目前市场以进口为主，蜜蜡在数量上以波罗的海沿岸国家为多，颜色以黄色为主，色如蜜，如当代比较流行的鸡油黄等。但这些蜜蜡形成年代比较晚，没有中东地区，如阿富汗、伊朗等地的蜜蜡老，这些地区的蜜蜡，形成时间普遍达到五六千万年，有的甚至上亿年。琥珀的产地与蜜蜡基本雷同，但更广一些，如中国、俄罗斯、乌克兰、法国、德国、英国、罗马尼亚、意大利、波兰、多米尼加、墨西哥、智利、阿根廷、哥伦比亚、厄瓜多尔、危地马拉、巴西、缅甸、新西兰等都产琥珀，其中以俄罗斯最多，占世界总产量的90%以上。在辨伪时不应看对方是外国人而放松警惕，因为琥珀蜜蜡作伪比较普遍，应科学进行检测。

抚顺琥珀原石手串

相对密度辨伪

琥珀蜜蜡在质地上较为松软，这是由其树脂的本质决定的。琥珀蜜蜡的相对密度为1.1～1.16。这样较低的密度使得其内部结构容易出现疏松、破碎、裂纹等，而且会造成相当程度的轻质化，就是非常之轻，这些特点也将会成为我们辨别琥珀蜜蜡的重要依据。

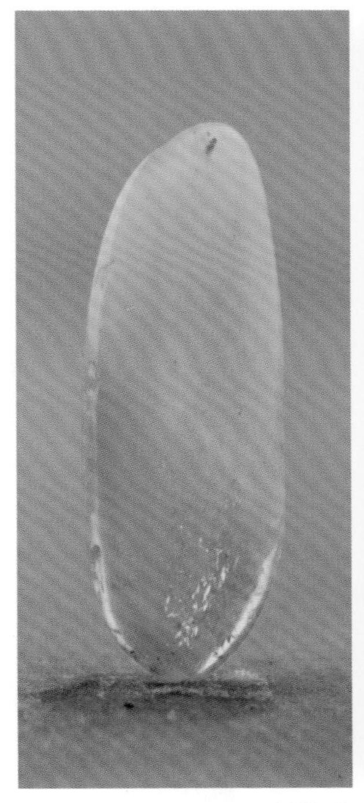

蜜蜡摆件

蜜蜡随形摆件

折射率辨伪

折射率是光泽通过空气的传播速度和光在琥珀蜜蜡中的传播速度之比，如果用数值来表示，通常琥珀蜜蜡的折射率为1.53～1.543。这个数值是有区间的，但是对于被鉴定的某件琥珀蜜蜡制品来讲，折射率是个固定数值，将其同琥珀蜜蜡通常情况下的区间数值进行对比，只要在这个区间内就可以洞察真伪，这是一种较为简单的物理性质的检测方法。

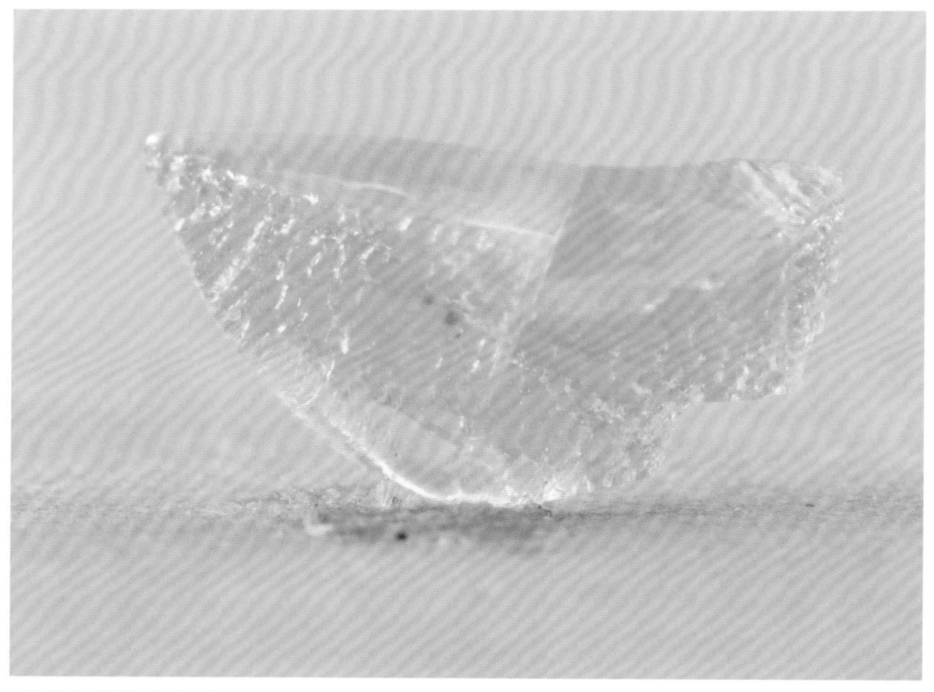

无时代特征琥珀随形摆件

优化蜜蜡叶雕

仿蜜蜡手串（圆珠）

油炸辨伪

这是民间的一种优化方法，实质是对琥珀蜜蜡进行热处理，会增加琥珀蜜蜡的光泽度、温润程度，通常会将琥珀蜜蜡较为疏松结构中的气泡炸得爆裂，最大限度地消除了云雾状，这样的琥珀蜜蜡在通透性上更好。对于这类优化过的琥珀蜜蜡的辨伪要点是，主要观察其气泡爆裂之后产生的巨大冲击波，如果像衍射的光晕，则必然是经过了优化。

染色辨伪

琥珀蜜蜡的染色很常见，这种作伪的目的一般是想冒充老蜜蜡，给人以“陈年老货”的感觉，如染成枣红、深红等老蜡色彩。辨别时注意观察色彩边缘的自然程度，不自然的为染色，自然的为真品，同时闻气味，如果有刺激性的味道，显然是伪器。

经过染色的仿老蜡珠

不规则仿蜜蜡珠

盐水试验

琥珀蜜蜡由于比较轻，在盐水中可浮起，而在清水中则沉下去。但是盐与水的配比要科学，一般250毫升的水加上9满茶匙的盐就可以了。琥珀蜜蜡会浮起，而如果是玻璃、塑料等则会沉下去。但这种方法也有局限性，如果采用特种塑料或柯巴树脂作伪就很难判定。任何一种辨伪方法，都具有一定的局限性，因此要综合运用，多方面参考。

印尼蓝珀随形摆件（柯巴树脂）

香韵辨伪

琥珀蜜蜡具有一定的香韵，因为它是由柏科植物的树脂形成，本身具有香味。由于已经变成化石，自然状态下很难闻到香韵，需要揉搓之后才能闻到淡淡芳香。这种芳香令人沉醉，如果是表面粗糙的原石香韵会更浓。如果是成品，由于表面抛光减弱了揉搓的摩擦力，这样香味就出不来，辨伪时应注意分辨。

琥珀随形摆件

针烧辨伪

如果用针头烧红扎入琥珀蜜蜡内，顷刻间会出现较为浓郁的清香味，针头可以全身而退。这是因为琥珀蜜蜡已经石化，结构比较稳定，而如果是柯巴树脂，针头则不能全身而退，会被粘连拉出长丝，此时便可洞穿真伪。

脆性辨伪

琥珀蜜蜡密度不高，加之硬度过低，脆性也是比较大的。如果是真正的琥珀蜜蜡肯定是怕摔的，在受到外界撞击后，如掉到地上可能就会碎掉，而柯巴树脂和塑料等伪品则不怕摔，脆性很小。

蜜蜡随形摆件

声音辨伪 将琥珀蜜蜡放在手中轻揉，如串珠类，我们会听到“咯咯”的响声，声音比较轻柔，如果是有机玻璃和塑料则声音比较大，响亮，这种辨伪方法需要经验的积累。

牙咬法辨伪 牙咬法是洞穿琥珀蜜蜡真伪的重要方法，如果是真品，牙可以咬动，并可以咀嚼，没有沙粒感，香味只是淡淡的，不会有受不了的气味。如果是伪器，如柯巴树脂类，则会黏牙，还会发出浓烈的香味；如果是塑料的，会很硬，不会有气味。这种方法虽然很有效，但如果万一是假的，则会对健康不利，我们只将它作为一种检测方法知道就可以了。

绺裂辨伪 琥珀蜜蜡有绺裂的情况很常见，特别是原石更是这样。绺裂会对琥珀蜜蜡的价值造成影响，有的绺裂会无法控制，直至造成裂缝。辨伪时应注意分辨有绺裂的琥珀蜜蜡，将以次充好者挑选出来。

有绺裂的蜜蜡随形摆件

有气泡的琥珀随形摆件

点燃辨伪　琥珀蜜蜡点燃后一般情况下都出黑烟，有松香的味道，但味道不会特别浓，因为已经是化石了。区别真假的关键是，假的琥珀蜜蜡无论什么情况下都冒黑烟，而真的则在刚刚熄灭时冒白烟。再者假的会有刺鼻的味道，真的则只有芳香的味道。

气泡辨伪　琥珀蜜蜡中的气泡多为圆形或接近于圆形，但经过加热、沸煮或者是经受压力的气泡则常常表现出异样，有的是爆炸，产生像太阳光一样向外衍射的冲击波，而受压的情况则是沿着一个方向拉长、压扁，辨伪时应多使用放大镜来观察。

光泽辨伪

光泽是光线在物体表面反射光的能力，而琥珀蜜蜡的这种反射能力非常强，光泽较好，在太阳光下非常漂亮，熠熠生辉。漫长的岁月，又使得琥珀蜜蜡的外表柔和，多数通体闪烁着非金属的树脂光泽，淡雅，亦真亦幻，美不胜收。

琥珀随形摆件

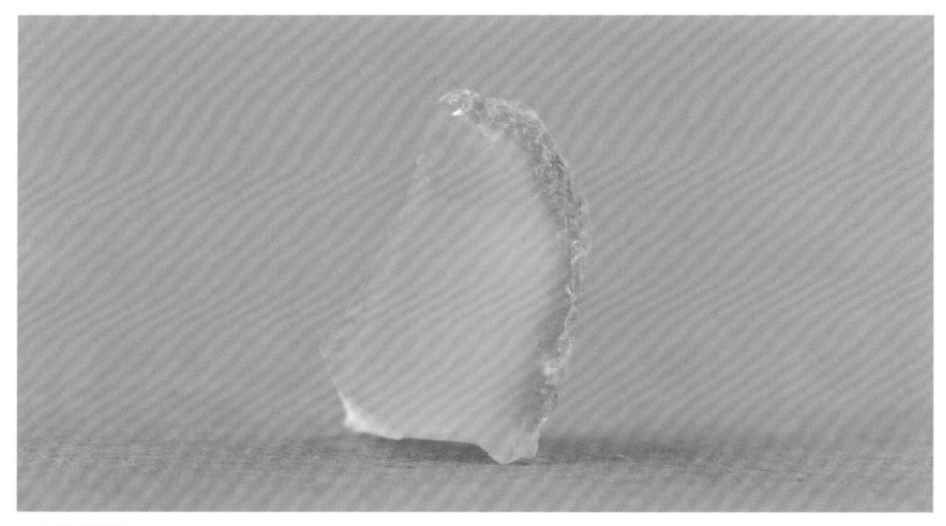

琥珀随形摆件

蜜蜡随形摆件

琥珀随形摆件

沸煮辨伪

沸煮的方法也是鉴定琥珀蜜蜡的重要方法。将其放在沸腾的水中，如果是柯巴树脂则很容易变软，有的软塑料制品可能就融化了，而真品琥珀蜜蜡则不会融化，不会变软。如果有染色，也会真伪洞穿。

透明度辨伪

琥珀蜜蜡的透光性还是比较强的，有的时候是浓重的色彩阻隔了光的衍射，所以在透明度上深色的琥珀蜜蜡要差一些，而色泽浅的则几乎是完全透明的，微透明的也常见。此外透明度与厚度也有关系，越厚透明度越差，反之则越好。

静电辨伪

这是琥珀蜜蜡鉴定中常见的一种鉴定方法，就是利用琥珀蜜蜡和绝缘材料进行摩擦产生静电效应，这种短暂产生的静电电压瞬间力量比较强大，可以吸附起纸片，而塑料制品或者玻璃制品显然不能够产生静电效应，这样就可以辨别真伪。

手感辨伪

手感是琥珀蜜蜡辨伪的重要标准，这种标准是一种感觉，只可意会不可言传，训练的方法是反复实践。无论是寒冷的冬季或炎热的夏季，将琥珀蜜蜡放置在唇边都感觉是温暖的，这是由其有机宝石的特性决定的。琥珀蜜蜡的手感通常十分细腻、温润、光滑，与视觉感受到的美有着异曲同工之妙。由于琥珀蜜蜡密度较低，所以会很轻盈。手感虽然是一种感觉，但它却不是唯心的，而是一种科学的鉴定方法，而且是最高境界的鉴定方法，收藏者在练习这种鉴定方法时需要具备一定的先决条件，就是所触及的琥珀蜜蜡必须是靠谱的标准器，而不是伪器，如果是伪器则适得其反，如果将伪的鉴定要点铭记心中，就会为以后的鉴定失误埋下伏笔。

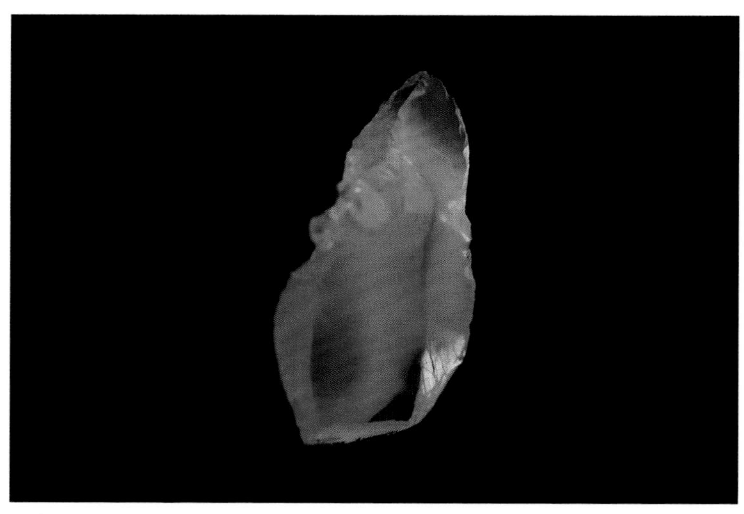

蜜蜡摆件

紫外线辨伪

紫外线照射的方法在琥珀蜜蜡检测中经常使用。使用专门的紫外线灯，或者验钞机也行，在紫外线光的照射下，琥珀蜜蜡表面会有绿色、蓝色、白色等荧光，荧光有强弱的不同，辨伪时应注意分辨。

紫外灯照射下的发出绿色荧光的抚顺琥珀

紫外灯照射下的发出绿色荧光的抚顺琥珀

塑料仿蜜蜡手串（算珠）

塑料仿蜜蜡手串

刀刮法辨伪

刀刮法是检测琥珀蜜蜡真伪的重要方法。因为琥珀蜜蜡本质就是一种较为松软的化石，所以用刀刮琥珀蜜蜡，会刮下粉末。但是如果刀刮不动，则肯定不是琥珀蜜蜡，如果刀刮下来是一卷一卷的，则是塑料，辨伪时应注意体会。

柯巴树脂

柯巴树脂是琥珀蜜蜡辨伪当中主要需要辨别的，因为柯巴树脂是一种没有完全石化或者说是亚石化的天然树脂，本质和琥珀蜜蜡是一样的，只是形成的时间比较短，或者还正在孕育之中，如果给其足够的时间，柯巴树脂也会形成真正的琥珀蜜蜡，所以二者有很多相似之处，不容易分辨。而作伪者也深知这一点，所以就千方百计地利用柯巴树脂来进行作伪，以谋取暴利。我们可以通过以下方式辨伪：

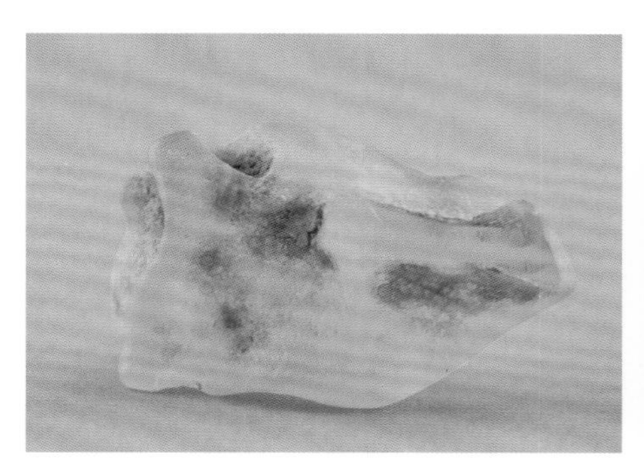

南美洲琥珀随形摆件（柯巴树脂）

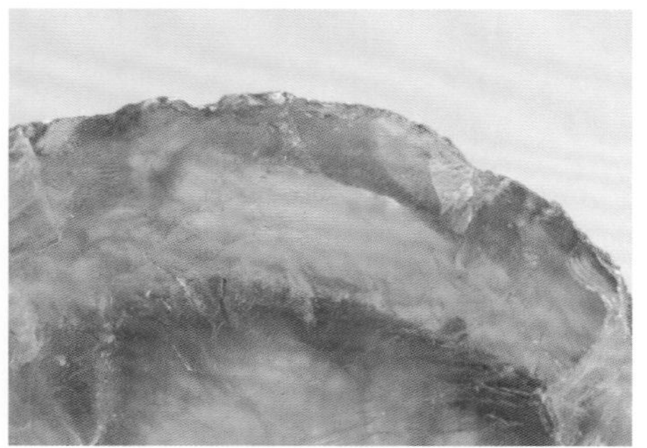

印尼蓝珀随形摆件（柯巴树脂）

印尼蓝珀随形摆件（柯巴树脂）

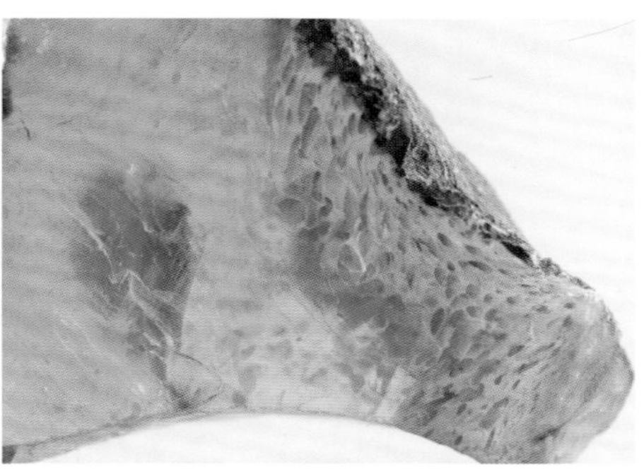

印尼蓝珀随形摆件（柯巴树脂）

（1）从熔点上辨伪。柯巴树脂由于没有完全石化，所以它的熔点比较低，通常情况下为100多摄氏度，而真正的琥珀蜜蜡熔点要高得多，起码需要几百摄氏度的高温才能将其融化。

（2）从色彩上辨伪。柯巴树脂由于没有形成琥珀蜜蜡，在色彩上最大限度地保留了松脂的色彩，所以色彩比较单一，以松脂的黄色、淡黄色为多见，光泽不是那么强。

（3）从价格上辨伪。柯巴树脂的价格非常便宜，而琥珀蜜蜡的价格是其几百倍，如果几元钱就可以买到一大块琥珀蜜蜡，我们自己就可以判断是柯巴树脂。

（4）从刻划上辨伪。柯巴树脂由于还没有完全石化，所以比琥珀蜜蜡要软，用手指甲就可以划出痕迹，辨伪时应注意分辨。

（5）用酒精法辨伪。如果用酒精滴一滴在柯巴树脂上，反应比较大，会冒泡，就相当于在松脂上滴上酒精。而真正的琥珀蜜蜡则不会有什么反应。

非洲老蜜蜡

非洲老蜜蜡是一种伪器的专有名称，它的来源有一个历史故事：十九世纪，欧洲殖民者的科技比较发达，为掠夺非洲的财富，特意制作了当时非洲人比较喜欢的琥珀蜜蜡，大规模地销到非洲。而当时非洲的检测技术非常落后，没有能力检测这类伪器，所以欧洲殖民者赚得盆满钵满，掠夺了大量的财富。

时光荏苒，几百年后，欧洲人到非洲旅游，看到非洲有如此多的老蜜蜡，认为非洲如此落后的技术是不可能制造出假蜜蜡的，所以想都没想就开始疯抢，重新以更高的价钱买了回去，但没想到全是假的。其实非洲很少产蜜蜡，待人们恍然大悟时，非洲大陆的老蜜蜡几乎已经被全部售出，而非洲人仍不知道当年殖民者卖给他们的是假货。

这不是一个笑话，而是真实的故事。现在内行人一听是非洲老蜜蜡就知道是什么。目前欧洲仍有很多这样的蜜蜡，我们要注意分辨。

琥珀蜜蜡的优劣主要从三个方面判断，一是对其质地优劣的判断，一般包括净度、产地、新老等；二是判断优劣的标准，一般包括断时代、辨真伪、评价值等；三是对琥珀蜜蜡工艺上的判断，如造型、纹饰、打磨等。同时也要注意用时代和历史的眼光看待问题，如鸡油黄的蜜蜡在当代深受人们欢迎，但在古代则并不流行。因此，琥珀蜜蜡的优劣需要综合性地来判断。

第三章

知优劣

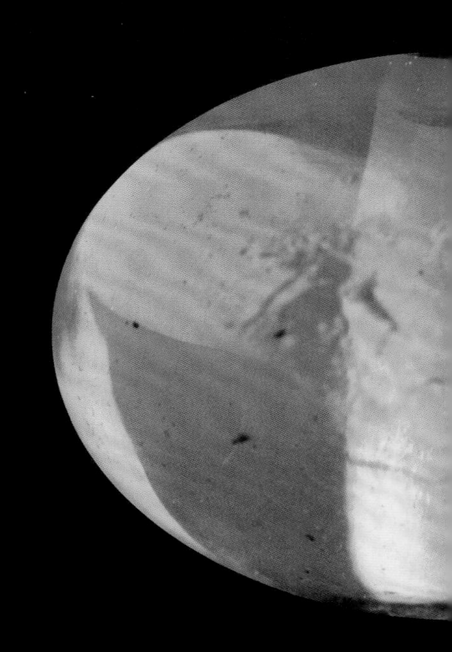

第一节

质地鉴定

• 纯净程度

杂质的多少是决定琥珀蜜蜡优劣的标准之一，通常情况下如果是很薄的片雕，自然光下就可以看清楚琥珀蜜蜡上有没有杂质，但是如果过厚，就需要用强光手电筒来观测。由于琥珀蜜蜡透光性比较好，所以可以很清楚地看到器物体内有没有颗粒状的杂质，或星星点点的杂质。不同的琥珀蜜蜡纯净程度不一样，评价的标准也有所不同，一般情况下纯净程度越高的琥珀蜜蜡价值越高，最为纯净的琥珀蜜蜡价值极高，而相反不太纯净的琥珀蜜蜡在价值上自然就低。不过如果是琥珀蜜蜡制品就更为复杂一些，除了看纯净程度还要看其色彩及品种，如金珀、蓝珀、血珀、花珀等，如果里面有包裹物，那么其价值评价的体系可能就不仅仅是净度了。由此可见，琥珀蜜蜡在纯净程度上的优劣实际上受到多方面的影响。

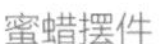

蜜蜡摆件

金珀珠

做工精致、雕刻精细的抚顺琥珀吊坠

- 精致程度

琥珀蜜蜡在精致程度上可以分为精致、普通、粗糙三个等级，精致者最优，普通者次之，粗糙者最次。对于琥珀蜜蜡而言，主要是以精致为主，普通者少见，粗糙者更为少见，这与其原料的稀缺性有关，一般情况下做工上都没有问题，特别是好料，由于来之不易，人们制作时都会精益求精，一丝不苟。所以从精致程度上看，琥珀蜜蜡基本上体现出了原料精致的做工也较为精致这一特征。

• 老蜡判定

老蜜蜡通常较优。老蜜蜡一是指古董。陈列于苏州博物馆的苏州盘门清代墓葬出土的鼻烟壶1件，以蜜蜡为原料，红棕色，受沁，形为扁体长方形，直颈圆口，圈足。表面光滑无花纹。半圆形的盖以翠绿色翡翠制成。壶高8厘米、腹径5.5厘米、口径2.2厘米、底径3.7厘米x1.7厘米。这就是一件老蜜蜡制品。当然不只清代有，在更为古老的时期，如秦汉时期就常见蜜蜡制品出现在墓葬当中。老蜜蜡一是具有文物的价值，二是在色彩上由于与空气氧化，表面会出现棕红、枣红、深红等氧化过的色彩，非常漂亮，是人们所追求的。这两点使文物级老蜜蜡备受人们青睐，在价格上也很高。

老蜜蜡的另一层含义，是指老料或者是暴露于地表的蜜蜡料，由于暴露在空气中时间比较长，表面氧化比较厉害，通常呈现出棕红、枣红、深红等色，而且有一个从黄到红的过程。蜜蜡本源的色彩是黄色，当暴露在空气中，炎热的天气使得琥珀蜜蜡不断脱水出现风化，色彩就会一点点变化，从红色向比较深的红色演变。这种老蜜蜡料在阿富汗、印度、缅甸、中国西藏等地都是人们搜罗的对象，但实际上西藏的料基本上也是缅甸的相邻国家进口过来的，西藏本身并没有很多品质高的蜜蜡。这些老蜜蜡的价值都比较高，是蜜蜡中的上品。

老蜡珠

- 新蜡判定

新蜜蜡是相对于老蜜蜡的一个概念，就是指当代开采出来的蜜蜡，用这些蜜蜡制作而成的蜜蜡产品显然就属于新蜡的范畴。我们现在市场上出现的蜜蜡产品基本上都是新蜡。这种蜜蜡的优良程度主要基于其物理性的特点，如色彩、纯度、透明度等。当然还有不同时代流行的品种，如鸡油黄蜜蜡，当代人们对其趋之若鹜，但是在古代则并不流行。这些都会影响到对琥珀蜜蜡优劣的判断。

蜜蜡随形摆件

琥珀随形摆件

- 时代判定

从商周秦汉时期直至当代，不同历史时期都有材料较好、做工精致的琥珀蜜蜡作品，但从数量上看，以当代的优者最多。从工艺上看，则是以明清时代最为细腻；从承载历史信息的价值上看，也就是从研究价值上看，应该是以秦汉更为珍稀。另外，在材质的优良程度上也以当代为优。由此可见，对于琥珀蜜蜡时代特征及优劣程度的分析应是一个多角度的综合性分析。

- 品种判定

琥珀蜜蜡在品种上可以分为很多种，但是目前市场上较为流行的主要有蜜蜡、老蜡、骨珀、血珀、金珀、蓝珀、绿珀、虫珀、植物珀、翳珀等。从优劣程度上看，除翳珀外基本上每一种中都有优者，同时也有不太好的材质。总体上看，目前的市场是蜜蜡比较好、特别是老蜡的价格非常高，另外，虫珀、骨珀、血珀、金珀的价格也都是很高的。市场是变化的，这些评价也会随之变化。但每一品类当中的优者，无论在什么时候、在什么评价体系下，都是有价值的。

血珀标本

- 优化情况

琥珀蜜蜡优化处理的方式很多，如热处理、压固、无色覆膜、有色覆膜、染色、改色、充填……在我国，无论古代和当代，人们都不喜欢优化过的琥珀蜜蜡，认为天然的材质才是最好的，追求的就是自然美。但是国外对于优化的琥珀蜜蜡则没有太大的反感，认为比较漂亮。本书认为，挑选琥珀蜜蜡还是以天然为好，因为很多优化方法并没有经过科学的验证是否对人体无害，哪怕出于安全起见，也应以无优化的自然美的琥珀蜜蜡为佳。

- 产地判定

琥珀蜜蜡的产地较多，如中国、俄罗斯、乌克兰、法国、德国、英国、罗马尼亚、意大利、波兰、多米尼加、墨西哥、智利、阿根廷、哥伦比亚、厄瓜多尔、危地马拉、巴西、缅甸、新西兰等国都产琥珀蜜蜡。不同地区所产的琥珀蜜蜡都有优劣之分，不能单纯以地区来论。对于产地而言，通常人们以形成时间来作为判断优劣的重要标准，如上亿年的琥珀蜜蜡自然比嫩料在很多方面都要稳定。

• 绺裂情况

琥珀蜜蜡有绺裂的情况常见，这是评判材质优劣的重要标准。没有绺裂的琥珀很少见，证明其内部结构非常好。评判时，以没有绺裂者为优，以有绺裂者为次，以有绺裂通过加工所不能避免者为最次，基本上料就废掉了，只能作为标本来使用。

• 出土位置

在古代由于琥珀蜜蜡原料来源有限，数量很少，主要以墓葬发掘为主，遗址当中很少见到，多是生前佩戴，死后随葬，因此从优劣程度上看，主要是以墓葬和遗址科学考古发掘出土为优。而大量明清及民国时期传世品由于散落在民间，真伪很难确定，显然在珍贵程度及研究价值上略逊于墓葬和遗址内出土的器物。

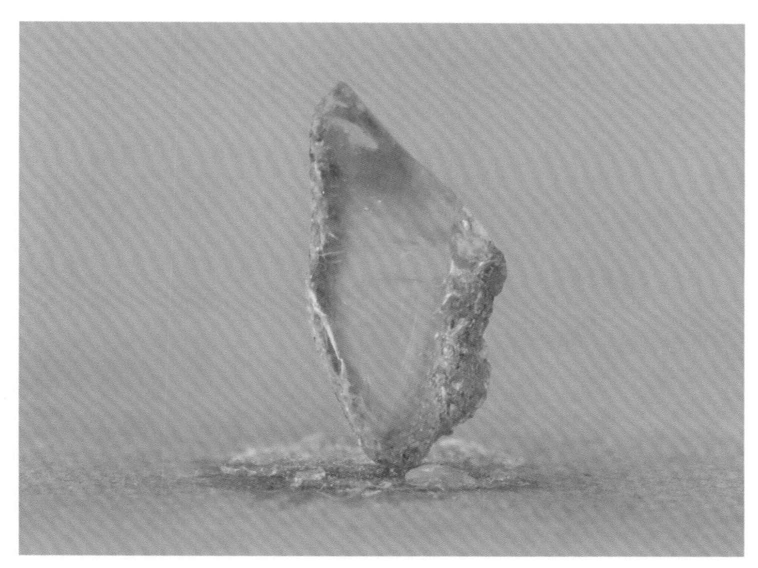

有轻微绺裂的琥珀随形摆件

第二节

选择方法

• 断时代

一件琥珀蜜蜡会或多或少地携带它所处时代的特征，所以在选择时，必须熟悉各个历史时期的政治、经济、文化以及重要历史事件、相关历史人物等，这样有助于从宏观来判断。在选择时，一定要尽可能地把鉴定对象置于当时的历史大背景下来考虑，这是判断一件琥珀蜜蜡制品优劣的基础。如果连时代都搞不清楚，看起来又像是当代又像是汉代又像是唐代，那么这件琥珀蜜蜡的优劣也就无法判定。

另外，不同时代琥珀蜜蜡的判断标准是不同的，如明清时期的老琥珀蜜蜡件和当代用同样材质制作出来琥珀蜜蜡件价值可能是天壤之别，而如果可以判定是汉代琥珀蜜蜡，那就是重要的文物，具有很高的研究价值，即使材质并不是最优质的，但由于承载着众多的历史信息，因此也拥有极高的经济价值。

所以，琥珀蜜蜡的优劣判断与时代有着很大关系，因此见到一件琥珀蜜蜡制品，首先要看时代，将其纳入相应的时代当中是判定其好坏的基础。

• 辨真伪

判断琥珀蜜蜡的真伪是收藏的重要环节。主要从两个方面判断：一是材质的真伪；二是时代的真伪。

判断材质的真伪具有一定的复杂性，因为如果简单用塑料冒充琥珀蜜蜡，这很好鉴别，但有的是用柯巴树脂或者用低等的琥珀蜜蜡，通过热处理、压固、无色覆膜、有色覆膜、染色、改色、充填等一系列的优化手段来冒充高等级的琥珀蜜蜡，就比较难以分辨，一些物理上的检测根本不起作用。特别是琥珀蜜蜡的种类比较多，更容易出现这种问题。如有的商家在销售产品时说他的琥珀蜜蜡有1亿年年龄，这种与事实不符合的描述，并不是作伪，但从判断优劣的角度看，是必须要辨别清楚的。

另外，在材质认识清楚的基础上还要对其时代进行辨伪。琥珀蜜蜡各个时代特征都比较清晰，其依据就是有明确纪年或纪年墓中出土的琥珀蜜蜡典型器物，或者是传承有序的琥珀蜜蜡收藏，如清宫旧藏及国内外博物馆的收藏等。而以拍卖场乃至古玩市场上的器物作为标准器来看待是不可靠的。学习辨伪，要对纹饰、器形、香韵、色彩、气泡、均匀程度、珍稀程度、时代等多个方面进行分类、排队，找出演变规律，要了解各个时代的历史大背景，牢记各时代琥珀蜜蜡的特征，善于联想，善于实践，这样才能完成辨伪的全过程。辨伪是实践经验的反复总结，除此也没有其他捷径可寻。

蜜蜡手串

仿蜜蜡手串（筒珠）

仿蜜蜡筒珠

• 评价值

琥珀蜜蜡的价值主要体现在四个方面，一是材质价值，二是研究价值，三是艺术价值，四是经济价值。

材质价值最好判断，如琥珀多少钱一克，蜜蜡多少钱一克等。琥珀蜜蜡当中的血珀、金珀、骨珀、花珀、蓝珀、虫珀、香珀、翳珀、石珀、老蜡、蜜蜡等价格在某一时期都非常明确，重量乘以时价就是一件当代琥珀蜜蜡较为准确的市场价格。

琥珀蜜蜡制品还具有很高的研究价值，中国古代琥珀的历史可以追溯到商周秦汉时期，起码可以上溯到汉代，例如广西壮族自治区合浦县九只岭东汉墓便出土过琥珀饰1件。南京市北郊郭家山东吴纪年墓出土过六朝琥珀串饰9件。六朝时期在禁止厚葬之风的强大压力之下，随葬滑石和琥珀等低硬度的制品显然蔚然成风，可见人们对于琥珀蜜蜡的青睐。宋元明清时期琥珀蜜蜡的数量又有进一步的增加，例如南京市邓府山明佟卜年妻陈氏墓出土了明代金龙裹琥珀冠饰1件，在这个墓葬当中还出土了琥珀项链1串。由此可见，明代流行琥珀制品显然是存在的，关于这一点从传世下来的琥珀蜜蜡上也可以看到，在如今的拍卖行里经常可以看到传世的琥珀蜜蜡拍品。时至当代，琥珀蜜蜡依然是收藏市场的宠儿。民国琥珀蜜蜡基本上继承清代。而当代琥珀蜜蜡最为兴盛，造型丰富，纹饰凝练，数量众多，特别是精品力作频现，这主要得益于大量的琥珀蜜蜡原石涌入中国，为琥珀蜜蜡的鼎盛奠定了材质上的基础。历久弥新的琥珀蜜蜡是沧桑历史的见证，蕴含着丰富的历史信息，具有极高的研究价值。

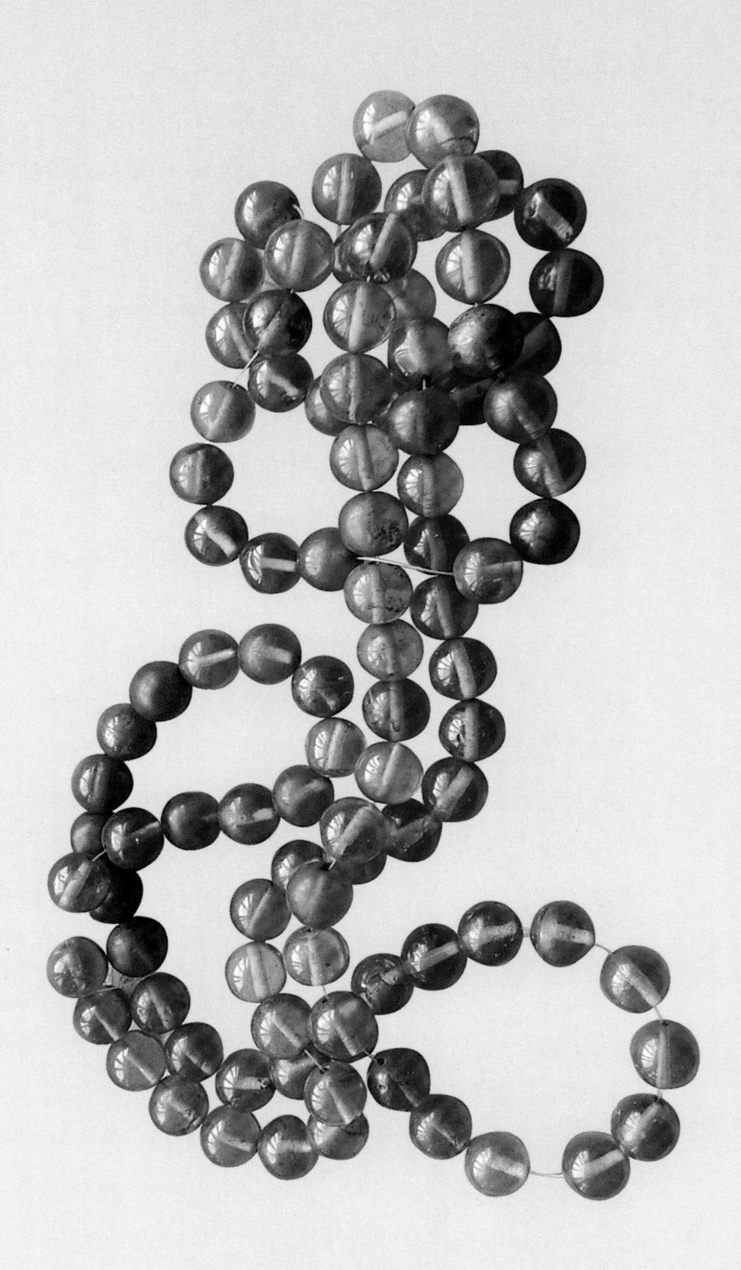

大臣莫元龙108颗蜜蜡朝珠（清代）

琥珀蜜蜡也具有极高的艺术价值，在设计、制作、造型、纹饰等诸多方面，工匠们都极尽心力，力求在艺术上进行突破。琥珀蜜蜡器皿的温润以及给人们的视觉冲击力，使人们的身心获得了极大的享受，其在艺术上的成就几乎很难用语言来形容，反映了各个时代最高的工艺技术水平，对于各个时代的艺术具有深远的影响力。

而经济价值，主要来源和得益于它的研究价值和艺术价值，研究价值高其经济价值就高，艺术价值越高经济价值自然越高，如果研究和艺术价值都高，那么自然就会拥有极高的经济价值。古往今来，只要收藏、研究琥珀蜜蜡，就必须遵从这种关系。

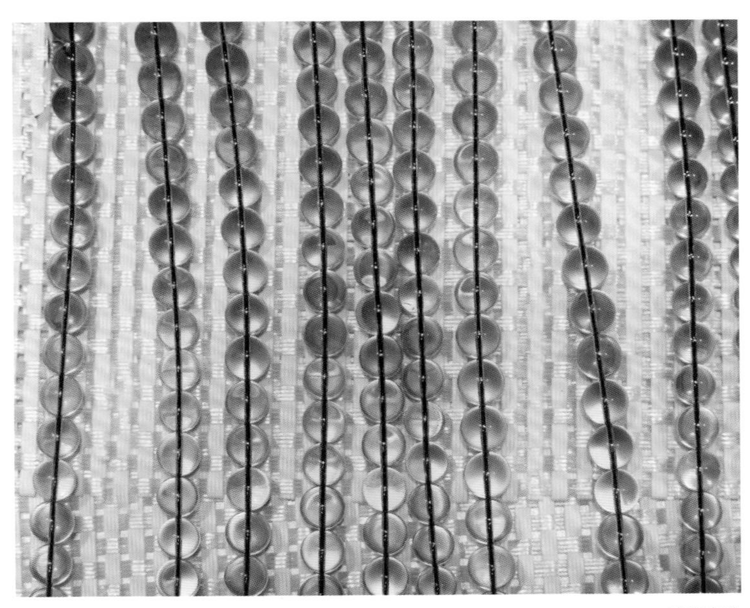

琥珀串珠

第三节

成色、工艺鉴定

• 造型情况

琥珀蜜蜡的造型是优劣评判中的重头戏，这是由其自身固有的特点决定的。

从时代上看，琥珀蜜蜡在中国的使用具有漫长的历史，商周、秦汉、元明清都有使用。早期琥珀蜜蜡在造型上比较简单，以项链、印章、手串之类为主，随着时间的推移，器物造型不断增加，明清时期造型已是比较丰富，如项链、手链、佩饰、胸针、吊坠、平安扣、隔珠、隔片、佛珠、把件、龙、貔貅、狮、虎、山子、笔舔、印章、镇尺、瓶、供器、臂搁、水盂、盒子、壶、佛像、观音、盘、鼻烟壶、烟斗等都有见。每一个时代在造型上都有自己的喜好，如清代琥珀鼻烟壶非常盛行，几乎占到琥珀制品数量的大部分。

从当代看，由于突破了原材料的限制，为当代琥珀蜜蜡的造型繁荣奠定了基础，目前市场上常见到的有项链、手串、手镯、簪子、吊坠、佩饰、挂件、戒指、耳环、平安扣、隔珠、隔片、山子、葫芦、鼻烟壶、老料随形摆件、多宝串、佛像、把件、组合镶嵌器物等，这些造型主要是迎合当代消费，切合大众的需求。当然当代造型也有自己的喜好，人们特别喜爱串珠、项链等。同时有的造型也打上了深深的时代烙印，如在挂件当中的车挂，这在古代是不曾有的，而在当代却特别流行，具有鲜明的时代特征。

抚顺琥珀项链

从具体造型上看，琥珀蜜蜡自身的优点就是比较适合于雕刻，高低与胖瘦，以及流线型的弧度等都可以做到。另外，琥珀蜜蜡在造型上对同时期的玉器、瓷器、青铜器、金银器等众多器形也有颇多借鉴，同时力足创新，或者更加精细化创作，这是由其材质的珍稀性特点所决定的。随着时代的变化，使用琥珀蜜蜡的人群也发生了变化，由过去少数人的专享，变成了今日大众的装饰品。

从功能上看，造型因需要而产生，因为功能而延续，在功能不变的情况下，器物的造型很难改变，一旦人们不需要它，一种造型很容易就消失了。琥珀蜜蜡在造型与功能之间也存在着这样的联系，很多古代琥珀蜜蜡的造型显然是弱化了不少，典型的例子如在明清时期异常流行的鼻烟壶造型，现在数量就少多了，这显然是因为人们生活中不需要它们了。

波罗的海蜜蜡手串

- 纹饰情况

琥珀蜜蜡制品上的纹饰相当丰富，在做工上讲究纹饰与造型并重，因此从纹饰上对琥珀蜜蜡进行优劣的判断极为重要。琥珀蜜蜡从汉代就已经存在，墓葬当中经常见到，晋唐以降，直至明清，琥珀蜜蜡已经十分流行。南京市板仓村明墓层发掘出一条明代琥珀腰带，上雕人物舞狮图案，狮子均由一人用绳牵引，场面完整。该器物在纹饰上不再是单独的线条或花卉，而是刻画了较为复杂的场景，画面非常生动，动作连续不断，非常有动感。看来明代琥珀蜜蜡在纹饰上已进入到了一个鼎盛期，其纹饰已是一种高度发达和思想性较强的纹饰。

从时代上看，古代有纹饰的琥珀蜜蜡很少见，明清时期纹饰显然更加繁荣，民国时期基本上延续了清代的特征，不过当代的琥珀蜜蜡素面和有纹饰的情况都有，不分上下。

从繁复情况来看，不论是明清、民国还是当代，没有纹饰则罢，一旦有纹饰，通常是构图复杂，精雕细琢，如一些小把件上的纹饰都雕刻得很满，以构图繁复为美。

从模仿的难度上看，琥珀蜜蜡的纹饰不容易模仿，因为不同时代的纹饰特征不同，这种时代特有的刻划纹饰风格是仿造者们较难仿制的，特别是秦汉时期的纹饰非常难以模仿，因为时代距离我们现在太远了，当时人的心境是很难琢磨的，所以模仿出来的作品也常常是不伦不类，在纹饰上露出破绽者较多。

从雕刻方法上看，刻划、浮雕和浅浮雕、镂空等诸多工艺相互融合，这一点和其他诸多材质的珠宝等都比较接近。

从纹饰题材上看，常见的主要有瑞兽、鱼纹、鸟纹、昆虫、生肖、人物、海水江崖、花草、诗文、历史故事、神话故事、博古纹、杂宝、吉祥图案、佛教题材、道教题材等，十分繁盛。这些琥珀蜜蜡上的纹饰多数为传统的延续，除了琥珀蜜蜡外，其他质地的器物之上也有见，因此说明琥珀蜜蜡在历代纹饰题材上借鉴的成分比较多，并更加精细化，构图也更加趋向合理化，契合内涵，契合造型，如清代中期常见的蜜蜡佛手的造型，契合了多种内涵，既是自然界的一种植物，也蕴含了佛教方面的某些涵义。另外，琥珀蜜蜡通常所表达的主题是单一的，所衬托的主题和寓意都很明确。

从构图上看，繁复与简洁并存，但以繁复为主，构图极具合理性，讲究对称性，如一般琥珀蜜蜡雕件上的缠枝花卉纹，相互缠绕，又相互独立，相互对称，这可能是由于不同时代人们对于纹饰的不同需求所致。

从时代特征上看，商周秦汉琥珀在纹饰种类上也十分丰富，题材上主要是借鉴商周青铜器、玉器之上的纹饰，如同心圆、弦纹、羽毛纹、绳纹、乳丁纹、网格纹、锯齿纹、蕉叶纹、水波纹、联珠纹、兽纹等，但商周秦汉琥珀发现数量太少，所以这一时期琥珀具体的纹饰特征还很难判断，但从理论上分析基本上题材就是这样。汉代出土器物比较多，其纹饰特征以简洁为主，从构图上看，讲究对称，简洁明了，雕刻技法十分娴熟，也十分精细，线条韵律自然流畅，刚劲挺拔。六朝隋唐辽金琥珀在纹饰种类上特征比较明确，弦纹、网格纹、锯齿纹、蕉叶纹、水波纹、联珠纹、兽纹等都有，线条流畅，雕刻凝练，图案讲究对称，构图合理，简洁明了，以写实为主，多装饰于显著位置。宋元明清琥珀在纹饰上逐渐丰富起来，真正走向了繁荣，形成了造型、工艺、纹饰并重的琥珀制作工艺，这一时期的纹饰不再以单独线条或花卉为主，而是力求营造一个较为宏大的场景或者较为复杂的纹饰图案，具有情节性、完整性等特点，动感强烈，在构图上讲究对称。例如南京市邓府山明佟卜年妻陈氏墓出土的明代金龙裹琥珀冠饰，龙为三爪，昂首，头尾相交处置红宝石各一颗，龙身周围附以云朵环绕。为了配合龙的形象，在龙的周围用云纹环绕，纹饰与造型实现了相互配合。民国当代琥珀在纹饰上特征相当明晰，从传世的民国琥珀蜜蜡制品上看，产生了一些全景式的立体雕件，比例尺寸掌握得十分恰当，具有一定的水平，但整体来看创新不多。当代琥珀在纹饰上取得了相当大的成就，在题材上集历代之大成，但也有鲜明的喜好，如弥勒、观音的题材就非常多，特别是挂件相当多，达到了惊人的量，这契合了当代“男戴观音、女戴佛”的习俗，具有鲜明的时代特征。当代纹饰在构图上比较合理，讲究对称，繁缛与简洁并举，线条流畅，自然、刚劲、有力，多数雕件具有较高水平。但当代也出现了较多的电脑操控的雕件，程式化严重，千篇一律。目前，最高级别的产品还是以手工雕刻为主，这是值得欣慰的。总之，当代琥珀十分重视纹饰的雕琢。

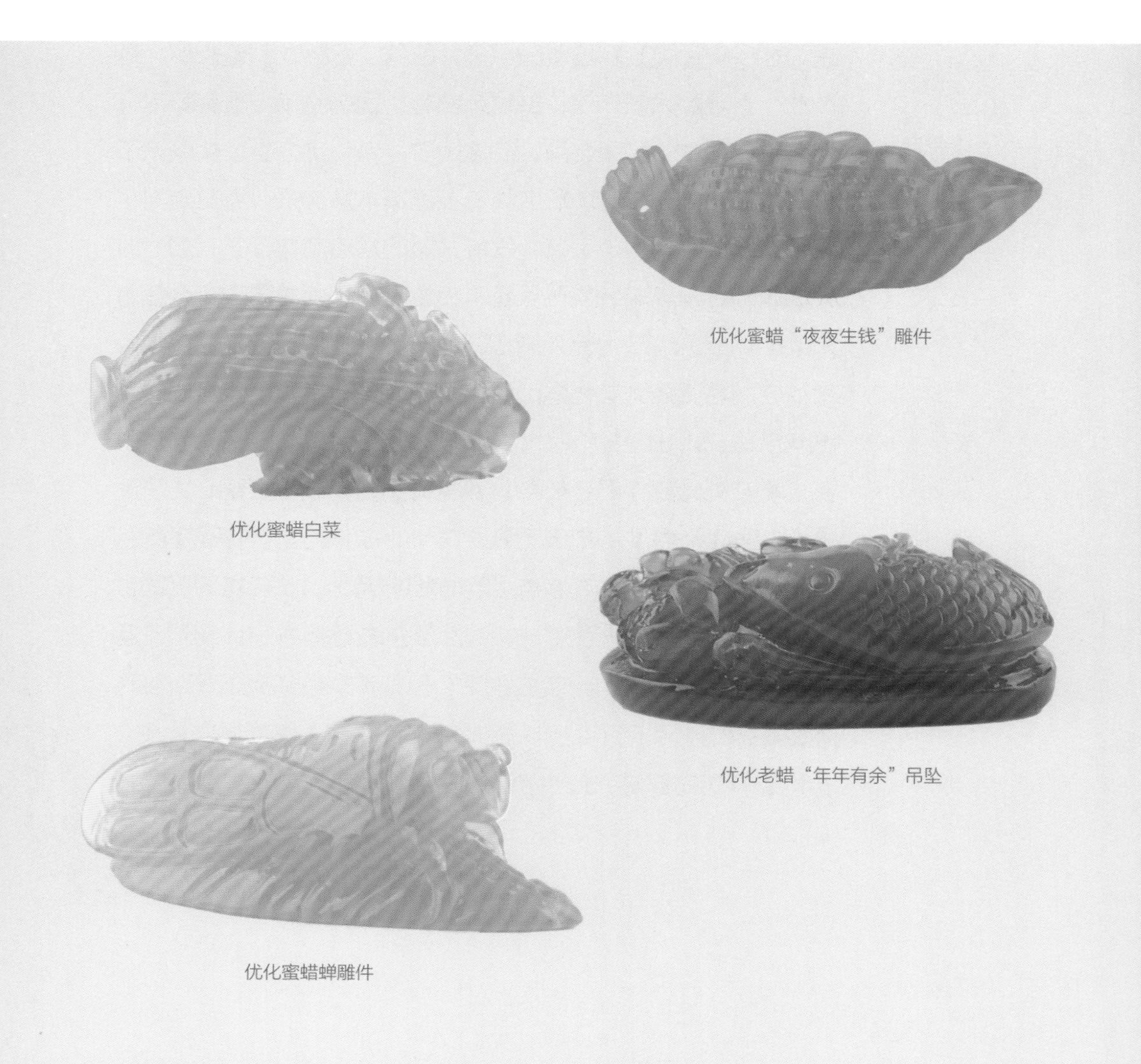

优化蜜蜡“夜夜生钱”雕件

优化蜜蜡白菜

优化老蜡“年年有余”吊坠

优化蜜蜡蝉雕件

• 完残程度

从完整上判断。早期琥珀蜜蜡，如汉六朝、隋唐五代辽金、宋元时期的制品基本上以出土器物为主，来自于墓葬和遗址，多数收藏在博物馆中，但从诸多发掘的资料来看完整器皿不是很常见，只是偶见完整者。明清时期完整的琥珀蜜蜡制品数量最多，以传世品为主，在博物馆、拍卖行、古玩市场及众多的私人收藏品中，我们都发现了数量众多的毫无瑕疵的琥珀蜜蜡雕件、吊坠、手串等，当然这与明清距离现代较近不无关系，因为时代较近，所以传世品的数量众多，真正是藏宝于民间。明清琥珀蜜蜡也得到了最大限度的保护，完整器皿自然就多，而在价值上自然是以完整器为最好。

从残缺上判断。由于过于久远，墓葬和遗址当中的环境不可预测，所以秦汉六朝、隋唐宋元时期的琥珀蜜蜡在墓葬或者是遗址当中有很多已经残缺了，从总量上看还是一个不小的数字。如散落的情况就比较常见，穿系的绳子残断，串珠等散落一地，这种情况在发掘的时候就很容易遗失，不能复原的情况很常见。即使传世品，由于散落在某个地方，几百年的时间里没有人养护，在受到外力的作用下残断的情况都很正常。不过由于琥珀蜜蜡固有的优良特征，虽然从外表看有散落、残缺，但是如果能够复原起来，经过盘玩之后很快就会恢复光泽四溢的自然属性，对于优劣影响并不大，但不能复原的情况就很遗憾了。当代琥珀蜜蜡残缺的情况很少见。

从破口上判断。古代和当代琥珀蜜蜡都有破口的情况，如秦汉隋唐时期发掘出土的琥珀蜜蜡有这样残缺的情况很常见，这主要与其保存的环境有关，在恶劣环境下这样磕碰等瑕疵在所难免。明清时期的琥珀蜜蜡破口的情况少一些，民国琥珀蜜蜡乃至当代琥珀蜜蜡更是这样。因为多数是作为首饰或者是很贵重的摆件存在，人们一般都比较珍视，一般情况下出现损坏的概率比较小。

从变形上判断。琥珀蜜蜡器皿变形的情况没有，这是由其固有的物理性质所决定的，因为已经形成了化石，所以在形制上不会出现变形的情况。

琥珀随形摆件

从铭文上判断。琥珀蜜蜡有铭文的情况很常见，如汉代的印章上常见铭文，但是由于不断氧化，一般情况下铭文都会变模糊，或多或少地受到损坏，这是中国古代琥珀蜜蜡的显著特点。同样明清时期的琥珀蜜也会存在这种现象。但所有的古代铭文都是这样，所以对其价值的影响并不大，因为这是其固有的特征所决定的，我们在赏玩时应注意分辨。

从自身缺陷上判断。琥珀蜜蜡是自然之物，有一些缺陷是难以避免的，如匀净程度、色彩均匀程度等都会有瑕疵，这都很正常，只要不影响美观，有的甚至是拿着放大镜才能看到的缺陷，我们不必深究。本书认为只要是不影响其价格评定体系的微小缺陷，都是可以忽略的。

蜜蜡摆件

- **珍稀程度**

对于琥珀蜜蜡而言，珍稀程度不仅仅指的是其质地，而是造型、纹饰、工艺、质地等全方位的评价体系，但无疑质地对于琥珀蜜蜡制品优劣的判断极为重要，可以说起着决定性的作用。如果质地很差，无论后期进行怎样巧夺天工的制作，似乎都显得没有意义。

但琥珀蜜蜡在质地上特征比较复杂，一是从种类上区分，如老蜡、蜜蜡这两种材质，显然是老蜡在材质上更加占据优势。虫珀和花珀相比，显然是虫珀更加占据优势。但这只是从品类上看。如果从具体的两件器物上看，有时候也并不一定是这样。如质地比较差的老蜡，有明显缺陷的老蜡，与一件当代非常好的蜜蜡作品相比，或许当代的价格要远高于老蜡。

另外，珍稀程度还有文物和工艺品的区别。具有文物价值的琥珀蜜蜡和工艺品价值差别很大，以具有文物价值的琥珀蜜蜡为上品，工艺品次之。

从工艺上看，同等材料下，工艺精湛者往往比普通的雕工在价值上高出很多倍，如一个地市级的工艺美术工作者和国家级工艺美术大师的作品在价值上相差很远。

总之，琥珀蜜蜡的珍稀程度是我们判断琥珀蜜蜡作品优劣不可逾越的一个环节。

• 重量因素

琥珀蜜蜡制品的重量也是辨别优劣的关键。琥珀蜜蜡首先是一种物质，而物质就必须要以一种体积的形式来呈现，在品质决定珍稀程度的前提下，只有达到一定的重量，才能称之为一件优质的琥珀蜜蜡作品。如当代的琥珀蜜蜡作品，大多数是以称重克数为计价标准，一个把件，称一下是多重，然后乘以当日的市价，就是它的价格。当然也有特别好的作品是论件销售，但多数情况下人们还是会问这个把件有多重，或者这个手串有多重。重量显然是当代评判作品优劣的一个重要的因素。

而古代的琥珀蜜蜡则通常不以重量为主，如在拍卖行拍卖明清时期的琥珀蜜蜡时通常以件数为主，而不是以克数计价。对于更为古老的汉唐、宋元时期的琥珀蜜蜡当然更是这样了。

另外，关于琥珀蜜蜡的重量特征是判定琥珀蜜蜡优劣的重要标准这一点，还有个先决条件，就是在同种类、品质基本相同的情况下有效，不同品质的重量特征之间没有比较的意义。

优化蜜蜡手串

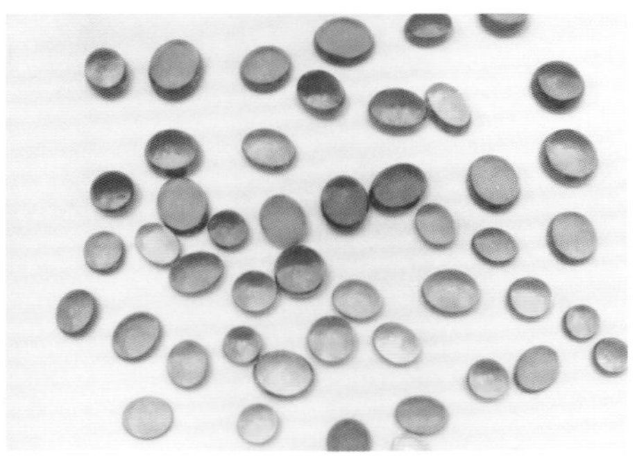

缅甸琥珀戒面

根珀吊坠

- 造型大小

琥珀蜜蜡造型大小也是辨别优劣的关键。由于材质有限，特别是较为珍贵的材质稀少，所以原材料的大小在价格上区分就比较大，一般分为小料、中料、大料三个层面，大料的价格自然就高，而小料的价值自然就低。

从时代上看，造型大小在时代特征上不是很明显，在古代特别是秦汉六朝时期，琥珀蜜蜡的造型都是非常小的，以小器为多，大器很少见，所以大器的价值也非常之高；而在当代，在同等材质下，大器意味着稀缺的原材料，同时也意味着较大的重量特征和较高的价格，这些都是大器在优劣上占据上风的因素。但是无论中国古代还是当代，其主流特点都是以小器为重，也以小器为多。小器也有很多精绝的做工，在价值上也很高，但是大器在价值上的优势却也不容忽视。琥珀蜜蜡在造型大小上的这种矛盾，我们在判断优劣时应注意分辨。

• 工艺水平

琥珀蜜蜡制品的做工是否精细，或是粗糙与否，是我们判定优劣的重要基础。

从整体上看，中国古代琥珀蜜蜡器物在工艺上基本都是精益求精，一丝不苟，制作出了精美绝伦的琥珀蜜蜡制品；当代在工艺上也是特别认真，做工精绝，精品力作不断涌现。当然，工艺是宏观的，因此对于琥珀蜜蜡工艺的判断我们主要看整体。

另外，琥珀蜜蜡在工艺上的成就还可以对作伪起到制约的作用。比如说，当代的高端作品，动辄都是几千万的高价，由于工艺复杂，特别难以仿制，如果作伪，复杂和大型的作品很难做到没有破绽，所以，目前市场上仿制高端琥珀蜜蜡者不多见。对于古代琥珀蜜蜡也是这样，工艺复杂，很难仿制，我们应该善于观察和总结，并将得出的结论付诸实践。

琥珀蜜蜡在市场上的表现极其活跃，国有文物商店、大中型古玩市场、自发形成的古玩市场、大型商场、大型珠宝展会、网上淘宝、拍卖行、典当行等都有见，这些市场上几乎囊括了历史上所产生的琥珀蜜蜡制品造型的总和，如串珠、项链、平安扣、念珠、印章、供器等。在暴利的驱使下，市场上的琥珀蜜蜡注定是鱼龙混杂，真伪难辨。在本章中，通过对不同市场的介绍和分析，希望能帮助读者擦亮眼睛，由外行变成内行，胸有成竹地去逛市场。

第四章

逛市场

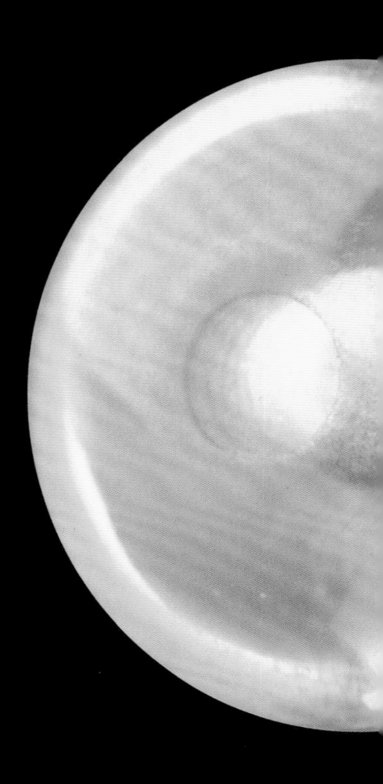

国有文物商店

国有文物商店收藏的古代琥珀蜜蜡具有其他艺术品销售实体所不具备的优势，其主要特点有三：

一，由于是国有的，实力比较强，具有较多的中高级专业鉴定人员，在进货渠道上层层把关，所有的进货都先鉴定过一次，有的时候还会有博物馆的等外品划拨到文物商店。但这并不是说国有文物商店不会有假货，因为这是不可避免的，只能说是真货的可能性比较大。一般初涉文物行当的人，或者是需要极为高端文物艺术品的人经常会到国有文物商店购买。

二，国有文物商店最大的优势就是开设年代比较长，存货比较多。改革开放以前是不允许私人开设文物商店的，所以很多文物在当时都只能卖给国有文物商店，因此有许多珍贵的文物都是被国有文物商店收购的，有许多博物馆的藏品实际上就是来自于国有文物商店。直至今日，国有文物商店内的国家一级、二级、三级文物都还有很多，可见其实力之大。

三，国有文物商店价格不会过高。一般是根据市场由专家集体定价，但也不会过低，想到国有文物商店内捡漏的可能性几乎是零，但不至于会上当受骗，这是很多人对国有文物商店趋之若鹜的原因。

国有文物商店内，古代琥珀蜜蜡的数量并不多，有时虽然碰到了，但价格特别贵，品质也很难把握，因为它不像私人商店内的琥珀蜜蜡可以先检测再购买，所以对于老琥珀蜜蜡的购买需要缘分，需要耐心，一定要多逛，即使看好也要多逛几次，最好是请教专家。而国有文物商店内当代的琥珀蜜蜡基本上同普通市场上是一样的，对于这些琥珀蜜蜡的判断比较简单，因为很多都有检测证书，但品质和产地需要自己把握。

蜜蜡朝珠（清代）

另外，国有文物商店不仅有销售部，还有收购部门，收购的价格比较公道，一般不必担心会挨宰。总之国有文物商店是我们收藏琥珀蜜蜡的好去处之一。

下面我们来简单看一下国有文物商店目前的分布和特点:

基本上每个省都有国有的文物商店，但有的不直接冠名为文物商店，如河南文物交流中心，还有中国文物流通协调中心、北京古钱币商店、北京市文物公司、陕西省文物商店、辽宁省文物总店、河北省文物交流中心、天津市文物公司、内蒙古自治区文物总店、山西省文物总店、上海市文物总店等。但并不是每一个城市都有设立，如河南省也仅仅是洛阳和开封有国有文物商店，其他地市基本没有设立，因此总的来看中国国有文物商店的数量是极其有限的。每一个国有文物商店在典藏上也有所侧重，如省级的文物商店内货物一般比较杂，各种都有一些，这是我们淘琥珀蜜蜡的重要去处，但是地市一级的文物商店有较为严重的典藏倾向，如洛阳文物商店唐三彩、陶器等都非常丰富，但是要想找到琥珀蜜蜡的确是不容易。所以，我们在逛国有文物商店时要根据其特点进行取舍。

大中型古玩市场

有小河必然汇成滔滔江水，小古玩市场的发展，无形中促进了大中型古玩市场在某些大中城市的形成，如北京的琉璃厂、潘家园、报国寺等。琉璃厂和潘家园属大型古玩市场，报国寺只能算作是中型的古玩市场。这些古玩市场中店铺林立，有大店铺，也有小门面，有经营数百年之久的沧桑老店，如荣宝斋，也有昨日新开的古董店。各种各样的古董都有，你想要什么，基本上都能买到。当然，经营琥珀蜜蜡的也比较多。

荣宝斋

在这些店铺中，琥珀蜜蜡真假并存，种类繁多。价格从每克几十到几百元都有。从价格上我们也可以看出真伪来，有时一块原石要价数千元，而有的摊位上仅售几十元，合起来还不到几毛钱一克，何真何假，自然很明了。

通常来说，在大型市场上买来的东西比小市场要保真一些，这是因为它们的市场分工不同，如北京潘家园旧货市场上的地摊，主要销售价格低廉的古旧货物，包括琥珀蜜蜡，其中也包括一些当代艺术品。店的大小也不一样，有的店铺比较大，有的就是地摊，信誉也不一，你必须有所了解。再者拿货的价格和普通买卖的价格也不一样。当然，真假没有人事先给你鉴定，完全靠自己的眼力，从中挑选出珍品。你也可以拿到潘家

潘家园

琉璃厂

园专门检测的地方先检测再购买，只要是同意以这种方式交易的一般都是真货，或者说都可以出证书。不过，琥珀蜜蜡的关键是品质，品质优者和劣者可以相差几十倍的价格，而品质是无法使用物理手段检测的。

不同于潘家园，琉璃厂销售的琥珀蜜蜡绝大多数经过专家鉴定，多数有证书，其中不乏珍品。当然，这里除了价格吓人外，优劣也全凭你挑，特别是在购买老琥珀蜜蜡时，虽说真品比其他地方多一些，但也要仔细辨认，因为这并不是一张物理性质检测的证书所能涵盖的。

在大型古玩市场购买琥珀蜜蜡，关键是要内行，要具备识别优劣的能力，这样才能够保证自己的利益不受损，运气好的话还可以捡漏。

从地域上看，一般每个省的省会城市中都有一些较为大型的古玩市场，有的甚至有好几个。除了北京，郑州古玩城、上海古玩城、南京夫子庙古玩市场、西安古玩城、兰州古玩城等规模都比较大。

近年来，银行业利率下降，人们纷纷将资金转入其他投资领域，不少人看到了琥珀蜜蜡的投资收藏价值。这些大市场由于所处大城市的地位，决定了它能够成为吞吐琥珀蜜蜡最大的市场，批发销售的商人多以货车为单位来销售琥珀蜜蜡，一整车的货物可以在很短时间内以麻袋的方式批发完毕，引来很多人在地上捡琥珀蜜蜡留下的小碎原石，其热闹场面可见一斑。

琥珀吊坠（1亿年左右）

中型古玩市场的情况和大型古玩市场基本相似。如曾经热闹非凡的北京十里河古玩市场，可以算是较为典型的中型古玩市场，但真正销售古董级的琥珀蜜蜡却不多，多数是批发和零售当代琥珀蜜蜡串珠、挂件的摊位，有的还是前店后厂，买原石可以直接加工，形成了一条龙的服务体系。这类市场往往更加专业，市场内也有专门进行物理检测的地方，很少的钱就可以出证书，从物理性质上一般都不会存在多大问题。唯一的问题就是品质的优劣需要自己判断，这是一个很大的问题，所以归根结底“打铁还需自身硬”。对于琥珀蜜蜡基本特点还需要掌握到专业的水平。

如今北京十里河古玩市场已经拆迁，但像这样的中型市场国内不胜枚举，在每一个省会城市都有几个，甚至很多较为发达的地市级也有这样的市场存在，如洛阳古玩城、重庆民间收藏品市场、成都文物古玩市场等，数量非常多，这些地方都是我们淘琥珀蜜蜡的好去处。

随着城市的发展，这些市场也在不断地发展变迁。但相信只要人们对收藏的热情不减，这些市场便会一直存在，并会越加繁荣。

自发形成的古玩市场

根据本地区收藏者的购买能力和要求自发形成的古玩市场，在某些路段、角落，三五户成群，大一点的也不过十几户，这正是老百姓渴望收藏艺术品的生动写照。这类市场很不稳定，不停地换地方，但它总是存在于城市的某个角落里。当然，这里的假货较多，全凭自己的眼力。这些市场上人流涌动，各种各样的货物品种都有，过去琥珀蜜蜡不是很多，近些年来，琥珀蜜蜡的数量有不断增加的趋势，已经是这些古玩市场上货物的主流。有的摊位上不仅有琥珀蜜蜡，也有瓷器、古玉等。小贩们坐在这烈日之下，极其精神地扫描着每一个路人，不断有琥珀蜜蜡爱好者来购买琥珀蜜蜡，其销售量应该是很大的，要不然这些小贩就没饭吃了。这里日益成为支撑琥珀蜜蜡价值的重要场所。但在这里购买琥珀蜜蜡需要较高的修养，因为的确是真伪难辨。这里的琥珀蜜蜡基本上分为三类：

一，物美价廉的珍品。很多是收藏者过去收藏的，由于没有销售渠道，所以就拿到这样的市场上来销售，价格不会太高，但也不会太低，因为他们不是小贩，手里没有屯货，不需要很快将其出手，抱着合适就卖，不合适就继续收藏的态度。我们可以从价格上来辨别其究竟是小贩、还是普通的收藏者在销售。但这些都是外因，主要还是要看琥珀蜜蜡的优良程度，以及所给出的价格是否合适，这是我们选择购买的首要因素。

二，柯巴树脂类的仿品。这类仿品数量惊人，由于价格便宜，国外大量进口的柯巴树脂涌入我国。柯巴树脂实际上就是还未石化的琥珀蜜蜡，本身与琥珀蜜蜡很相像，所以对于普通消费者很有欺骗性，目前是市场上的主流。价格便宜的柯巴树脂被小贩们用各种故弄玄虚的办法进行包装之后销售，如放在很隐秘的地方，以示珍贵，之后一层层打开，最后便宜卖给你。对于这类产品还是要以琥珀蜜蜡的特点为依据，首先要鉴定其是否为琥珀蜜蜡，而不是听信小贩怎么说。

印尼蓝珀随形摆件（柯巴树脂）

印尼蓝珀随形摆件（柯巴树脂）

印度尼西亚蓝珀原矿 （柯巴树脂）

哥伦比亚琥珀原矿 （柯巴树脂）

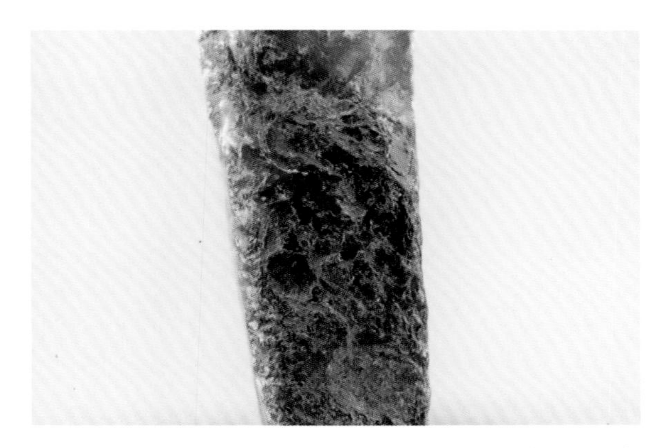

印尼蓝珀（柯巴树脂）

三，树脂类的仿品。这类仿品连柯巴树脂都不是，就是一些松香的树脂，被以更加便宜的价格在兜售。实际上从价格上已经可以判断有问题，但是这类货物销售的量还是不少，可见捡漏的思想在收藏者群体内影响极为深刻，明知是假货，还会去买，赌的就是万一是真的。这种思想要不得，一是会影响我们收藏的心智，二是如果买多了，也是一笔不小的钱。

以上三类是目前自发形成的古玩市场上常见的琥珀蜜蜡的情况，当然也有品质不高的琥珀蜜蜡经过优化后冒充优良者，但这种情况很少见，因为这种高科技作伪手段的产品成本很高，在这类市场上基本上没有销路，我们在逛市场时应注意分辨。

仿金珀珠

大型商场

大型商场内的琥珀蜜蜡无疑是耀眼的明星，通常在黄金、珠宝柜台区。琳琅满目的琥珀蜜蜡，造型隽永，设计构思都堪称一流，多数为国内外的大品牌。

这些琥珀蜜蜡与珠宝和黄金饰品在一起销售，具体的计价方式有两种，一是以克论价，称重销售；二是由于镶嵌成为产品，无法称重销售，就以物论价。这两种销售方式最终划算下来的价格相当。

由于是高端销售，真伪一般不必考虑，都有检测证书，但优劣依然需要我们自己判断。当然从价格上可以有所辨别，但那只是商家对其的判断，这种判断有时是显失公平的判断，因为商家所考虑的只是其自身的利益，并未将消费者的利益全部考虑进去，所以优劣的判断还是需要请教专家，甚至需要懂行的人和你一起去购买，这样才有可能买到性价比较高的琥珀蜜蜡。如果没有这样的条件，只能选择大品牌，这样至少不会买到过于离谱的琥珀蜜蜡。但最关键的还是自己喜欢的程度，如果特别喜欢某件产品，愿意与其结缘，其性价比也就变得不重要了，因为天然的琥珀蜜蜡本质上并不存在优劣，所谓优劣不过是人们根据市场上各种货物的值钱程度强加于琥珀蜜蜡之上的判断而已。

大型珠宝展会

大型珠宝展会、订货会是琥珀蜜蜡销售的一个重要平台，很多人也愿意到这些展会上去淘宝，特别是近些年来珠宝展会举办得越来越频繁，也的确成为展示销售琥珀蜜蜡的一个重要场所，不容忽视。

其销售量的大小主要取决于展会本身的吸金能力，以及参会人数的多少。目前中国比较大的展会有上百个，也出现了一些专门跑展会的销售商，此时展会在中国的功能已经有些异化，如同有些展商自己所说的那样，“基本上是一周换一个地方，一年基本全部在展会”。对于他们而言，展会即是展示的机会，同时也必须带来销售，否则利润从何处而来呢？因此中国珠宝展会，或者说世界上珠宝类型的展会都具有这样的特点，就是集中展示、集中销售，集展览和销售为一体，而不像书展一样只展览不销售。有很多人平时可能不会购买琥珀蜜蜡，但在展会上看到了喜欢的，加之又有收藏、投资价值，所以就会集中购买。

展会上的琥珀蜜蜡也是参差不齐，有价值连城的珍品，也有次品，甚至是伪器，如柯巴树脂、松脂、塑料等冒充琥珀蜜蜡的很常见。有的较大型的展会有免费检测的部门，但是一般免费检测都是以和田玉和翡翠等为主，琥珀蜜蜡一般不在免检的范畴，因此一定要自己能够拿准之后才能购买，或者请专家陪同逛展会。展会的好处是种类比较多，可挑选的余地很大，由于竞争的存在，价格基本上也会比较公道，是我们淘宝的好去处。

网上淘宝

近些年来随着电子商务的发展，网上淘宝成为一种时尚。轻按鼠标，自己心仪的宝贝就会被邮寄到我们身边，这是网上淘宝的便捷之处。但任何事物都是有利有弊的，网上淘宝的缺点就是不能真正感知实物。有的人在购买之后经过手感发现这并不是自己真正想要的，退货又很麻烦，不仅没有获得收藏的快乐，也影响了通过网络再次购买的信心。另外，网上的商品展示总是体现了商品最好的一面，而在购买了之后发现有瑕疵，这会影响对网络购物的信心。网络购买琥珀蜜蜡目前还限于较为低档的产品，一些珍品成交的实例比较少见，当然这也是网络购物急需要解决的问题。对于消费者而言，应该选择有信誉的网站，这些有信誉的网站对于商家会进行更多的监管。总之，网络淘宝这种只见照片不见实物的销售方式对于琥珀蜜蜡而言还需要更多的探索。

琥珀蜜蜡吊坠

拍卖行

在中国，拍卖业的发展是近些年的事情，它是随着改革开放的深度发展而产生的，拍卖业规模化发展不过是20世纪90年代初的事情，艺术品拍卖最多也只有七八年而已。20世纪末至21世纪初，中国的艺术品拍卖业如雨后春笋般地发展，现在除了几家老的拍卖行，如苏富比（中国）、上海国际拍卖公司、朵云轩，北京的荣宝斋、保利、嘉德等外，各省基本都建立了自己的艺术品拍卖行，这些拍卖行一经建立就显示出了很好的发展前景。

琥珀蜜蜡也不断登上拍卖图录，取得了很好的成绩，成为中国拍卖业的重要产品。另外，中国琥珀蜜蜡拍卖有几个显著特点，其一，不保真假，拍卖行只起到一个中介的作用，它对琥珀蜜蜡的真伪并不负责，完全由竞买者自己来判断，这就使得琥珀蜜蜡鉴定尤为重要。其二，拍卖行拍卖的琥珀蜜蜡多是珍品级别的，价格一般会很高，有的是明清时期的作品，具有很高的价值。这是由拍卖行的特点所决定的，因为拍卖行是靠佣金吃饭的，如果价值很低，就不可能进行拍卖。

拍卖行在琥珀蜜蜡的拍卖上主要限于高端产品，而且数量、种类等都不具有优势，所举办的拍卖场次也并不多，特别是专场很少见，因此对于拍卖行我们要关注，但并不能将所有的希望都寄托在拍卖上，应抱着既关注拍卖，又注意市场的态度。

典当行

典当行也是购买琥珀蜜蜡的好去处。典当行的特点是对来货把关比较严格，一般都是死当的琥珀蜜蜡才会拿来销售。经过了典当行内部专业的流程，假货的可能性比较小，再者很多都有检测证书。其次典当行的优势是价格比较低，一般典当的价格是市场价的一半，甚至更低一些，所以在二次销售的时候价格上也略有优势。但是典当行不足的地方是琥珀蜜蜡的品种不是很多，挑选余地小。再者就是典当行的数量很少，特别是在一些小城市更是不易找到。以上是典当行的现状，但是典当行的琥珀蜜蜡也并非完全没有假货，或者是性价比都高，典当行也不对此做出任何承诺，因为典当行只是一个平台，琥珀蜜蜡的优劣主要还是需要顾客自己来判断，因此在购买的时候莫冲动，最好还是专业人士陪伴去购买。

典当行

本章介绍的琥珀蜜蜡的价格评判主要涉及到两个方面，一是市场参考价，包括古代琥珀蜜蜡的价格和现当代精品的价格，市场价格主要是围绕“物以稀为贵”的原则在波动；另外一种是砍价技巧的运用，买卖双方均围绕着琥珀蜜蜡的品质和工艺水平在谈价，细节包括其优劣、优化、纹饰、大小、产地、完残、艺术品特征、规整程度、珍稀程度、时代特征等，但目的只有一个，就是帮助读者找到目标的弱点，抡锤砍价。

第五章

评价格

市场参考价

琥珀蜜蜡在价格上可谓是一日千里。过去人们对于琥珀蜜蜡的价格并不十分清楚，近十年来琥珀蜜蜡的价格进入上升期，这主要是由于琥珀蜜蜡资源稀缺，且主要依靠进口，必将导致“物以稀为贵”的局面。加之改革开放以来人们生活日盛一日，琥珀蜜蜡大多数作为饰品进入消费品市场，同时具有收藏投资的价值，保值和升值的功能。相信在今日盛世，它的价格还会不断攀升。

琥珀蜜蜡的价格主要分两类，一是老的琥珀蜜蜡，二是当代琥珀蜜蜡，下面我们就来具体看一下：

无时代特征蜜蜡摆件

• 古代琥珀蜜蜡

古代早期的琥珀蜜蜡能够流传下来的很少，主要是以明清时期为主，特别是清代为多见，这些产品由于具有文物的价值，所以在价格上是琥珀蜜蜡的领头雁。清代琥珀蜜蜡中最常见的莫过于串珠，根据品质不同，手串的价格从以往市场及拍卖成交的情况来看，多数在一两万元之间，高品质的可以达到两三万元，如琥珀十八籽的手串基本上都是两三万元。这个价格从古董的意义上讲并不算贵，就是与我们现在品质高的琥珀相比，价钱也高不了多少，有的甚至还要低一些，这可能是由于品质的不同造成的。琥珀蜜蜡的品质是决定其价格的重要因素，品质越高价格就越高。但以上的价格不过是举一个例子，实际上老蜜蜡高于两三万元的多得是，十几万元一条的手串也有见。当代琥珀蜜蜡也是这样，品质高、价格高者比比皆是。但相同品质下，自然是古代琥珀蜜蜡的价格要高于当代。

蜜蜡朝珠（清代）

有关价格的例子还有很多，如水洗在三四万元、印章5千元~2万元、扳指1~3千元、项链1千元~2万元、朝珠4~8万元、牌子一两万元、炉5万元左右、山子两三万元，鼻烟壶3千元~1万元，甚至八九万元的情况也有见。但是琥珀蜜蜡在价格上波动大，以上已经产生过的价格，在现实生活当中只能作为一个参考，一切以市场为主。从目前的情况来看，其市场价格一直是在上升，但交易量并没有出现比以往更大的情况。

- 现当代精品

琥珀蜜蜡在当代大量从国外进口，仅俄罗斯就占据了世界上琥珀蜜蜡总储量的90%以上，整个波罗的海沿岸国家所占据的储量非常大，也是我国目前琥珀蜜蜡进口量最大的地区，在中国所占据的市场也最大。但并不是说其所产琥珀蜜蜡是世界上最好的，我们就以俄罗斯进口料的价格为例，来窥视一下琥珀蜜蜡在市场上的价格。

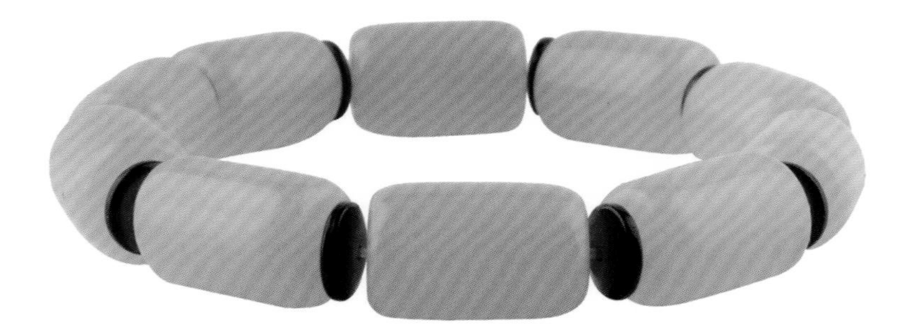

优化蜜蜡手串

个体重量在四五克的琥珀蜜蜡目前在中国的批发价格是每克六七元人民币，它的售价可以达到二十元左右，当然比较小的串珠在价格上可能会是每克15元左右，这些指的都是较小的琥珀蜜蜡的价格。个体重量如果在10克左右，它的批发价格就会达到18元左右，这样零售价格就会突破每克30元，有的商家甚至会卖到每克60元左右。而50~100克重量的琥珀蜜蜡原石价格就会达到每克50或者60元，这样制作出成品的价格就会突破每克百元，极品可以是每克数千元。

由此可见，琥珀蜜蜡在当代价格的计价方式主要是称重，而且其自身的重量对于价格有着重要影响，基本上是体积越小、越碎，价格越低，反之体积越大，价格会越高，同样成品的价格也是这样。所以一件大器的价格可能是小件的数十倍，这一点我们在市场上购买时应充分注意到，也就能够知道为什么有的琥珀蜜蜡价格低，而有的价格奇高。当然以上所述都是在品质基本相同的前提下才能成立，如果品质和产地不同则没有可比性，但方法都是一样的，我们只要学会举一反三就可以了。

另外，以上价格只是曾经发生过的价格，文中价格都是一个整数，实际上已经隐去了该行业的商业机密，如有雷同，纯属巧合，仅仅是给读者一个参考而已。

砍价技巧

砍价是一种古老的技巧，从有商业活动就开始了，其本质是一种简单的谈判活动，就是在确定已经要购买的情况下与对方讨价还价的过程，但这种讨价还价并不简单，双方都是围绕着琥珀蜜蜡的品质及工艺水平等诸多方面在谈论价格，只有找出弱点才能抡锤砍价，下面我们就具体来看一下：

- 识别优劣

识别优劣通常是基于对被购买的琥珀蜜蜡的宏观上的认识，可以说是一种感觉，总体感觉这件作品是否优秀，如果宏观上感觉一般，只是买回去观赏一下，那你一定要准确无误地将这一信息表达出来，此物处于可买可不买之间，不要让老板误认为自己的琥珀蜜蜡是遇到了有缘人，必然要与其结缘。实践证明，表达和不表达效果的确是不一样。

老蜡包裹鸡油黄蜜蜡摆件

- 优化程度

优化程度一般情况下很难观测到，一旦观测到，这就是一个很大的砍价点。目前的确有很多经过压制的琥珀蜜蜡在市场上销售，鉴定证书也可以出，但这种优化过的琥珀蜜蜡的价格比天然的要低很多，一般都会有较大的砍价空间，关键是我们能否看到其优化的地方，并准确地表达出来。

天然琥珀摆件

经优化琥珀串珠

- 精致程度

精致程度是抡锤砸价最好的技巧。一件琥珀蜜蜡即使再精致也达不到精致的极限，总能够挑出一些毛病，当然也许并不是自己真正不喜欢的地方，只是一种技巧性的说辞而已。这种方法在砍价时屡试不爽。

- 艺术品特质

艺术品特征是最为宝贵的特质。一件机械化的产品并不一定是艺术品，通常艺术品只与手工制作有关，具有触及人们灵魂的特质，而这种特质往往每个人的理解不同，最难以言表，或许商贩并不能参透，但购买的人却理解了，但是在砍价的时候不要说出来，这样对于砍价是有好处的。

精雕琥珀吊坠

• 规整程度

规整程度反映了琥珀蜜蜡在做工上的水平及工匠在制作工艺品时的态度。一般情况下琥珀蜜蜡在规整程度上都比较好，但由于琥珀蜜蜡质地比较软，一些小的作坊在进行人工切割和打磨时，器壁歪斜和不规整的情况很常见，所以从规整程度上一看就能感觉到是否出自名家之手，其工艺水平也会暴露无遗，因此人们常将规整程度作为判别优劣的重要标准。

• 工艺水平

工艺水平反映的是琥珀蜜蜡整体的优劣。我们可以从其质地、造型、纹饰、色彩、琢磨、匀净程度、透明度等多个方面来寻找缺陷，如质地和造型、色彩是否搭配得当，色彩是否均匀，如果有俏色是否利用得当，一些难以打磨到的隐秘处是否打磨干净等，都可以作为问题提给销售者，只要有理有据，便可以作为砍价的依据。

杂质明显的蜜蜡摆件

- 纹饰水平

琥珀蜜蜡在纹饰水平上非常见功力，如明清时期的琥珀蜜蜡有的料不是很好，但是工艺好，纹饰线条流畅，刚劲有力，一看就知道工匠的功力非凡。而当代琥珀蜜蜡如果是用机雕的纹饰，其实价值不大，只是起到美观的作用，这也会成为砍价的一个重要因素。辨别方法很简单，如果纹饰每一个线条都是一样的，或者两组纹饰完全一致，那么就是机器雕刻的。当然，即使手工雕刻的纹饰，如果功力很差，如线条稚嫩、歪斜、绵软，加之构图不合理，没有为人们留下理解的通道，这样的作品就应该在价格上做出让步。

- 弧度圆润

弧度圆润是琥珀蜜蜡工艺水平高低的重要标志，如果一件器物不能做到轮廓弧度圆润，显然就要降价处理了，因为最基本的工艺都没有达到，但这多指的是手工制作，如果机械制作则不会有这种现象，但是机械制作在弧度圆润上会千篇一律，所有的雕件都是这样，或者说所有的雕件在造型上都是一样的，这样机制产品其实在工艺上也没有太大的意义，价格也不应过高。

浅褐色琥珀吊坠

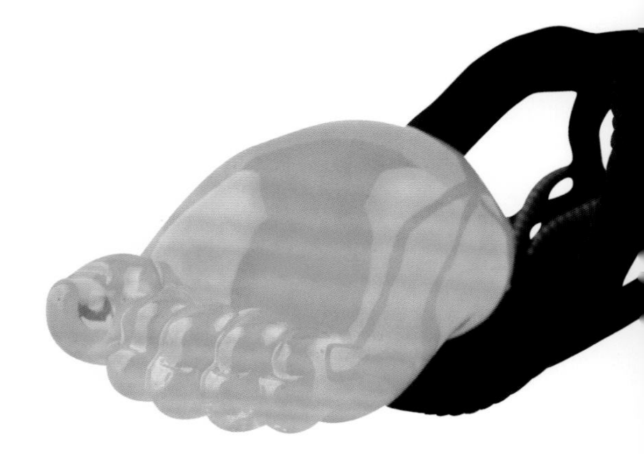

知足常乐蜜蜡雕件

知足常乐蜜蜡雕件

- 完残程度

完残程度是决定琥珀蜜蜡价格的重要因素，无论优质的琥珀蜜蜡雕件或是串珠等，一旦有残缺，显然其价值会低很多，甚至低到不可思议的程度，因为只能作为一个标本来使用了。但是对于古代的琥珀蜜蜡而言，由于其所承载着重要的历史信息，所以影响并不是很大，主要是对当代产品影响很大，有的时候残次品的出现意味着有价无市。

- 时代特征

时代特征是琥珀蜜蜡在价格上有可能波动的重要因素。琥珀蜜蜡制品在中国历史上产生的时间比较长，在汉唐时期就非常流行了，但那个时期的琥珀蜜蜡数量过少，目前在拍卖市场上能够见到宋元时期的琥珀制品，即使其质地一般，但由于其历史载体的身份，其价格也不会很低。明清时期的产品在价格上也具有优势，而民国的产品显然就不如明清。当代琥珀蜜蜡产品没有历史的优势，所依靠的只有品质的优势，因此时代优势或者是劣势都可以成为人们砍价的重要依据。

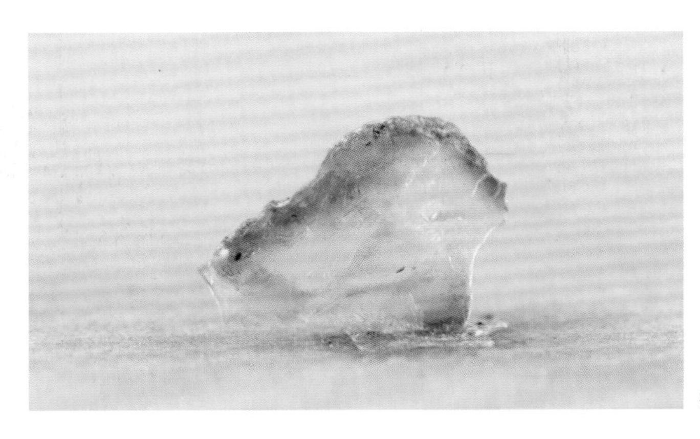

蜜蜡原石

- 珍稀程度

珍稀程度是影响琥珀蜜蜡价格的最重要因素，“物依稀为贵”是一个恒定的定律。琥珀蜜蜡贵重的依据就是其稀少的程度，有的琥珀蜜蜡在形成时间上很长，或者体内包裹着珍贵的远古时代的昆虫、植物等，都将使其变得贵重。另外，其质地的匀净程度、透明度、致密程度等都会影响到其珍稀程度，进而影响到价格，如果我们能够找到这些方面的破绽，哪怕一条，都可以成为打压价格的利器。

普通品质的琥珀摆件

约一亿三千万年前的琥珀（吊坠）

体内有包裹物的琥珀（吊坠）

波罗的海老蜡摆件

• 产地特征

产地特征主要反映的是一个地区的地质状况。不同的地质环境下形成的琥珀蜜蜡品质也不同。虽然一个地区的琥珀蜜蜡在品质上有所差别，但差别并不是很大，如缅甸的琥珀蜜蜡一般形成时间都比较长，优良料出现的可能性比较大，而波罗的海的琥珀蜜蜡有的时间比较短，在品质上不如缅甸的。所以在购买琥珀蜜蜡时要问产地，如果是河南峡西产的琥珀其价格就会很低，因此产地也是砍价的秘密武器之一。

• 大小特征

大小特征是琥珀蜜蜡砍价的重要武器，如小的串珠与大的串珠价格会相差很多，雕件也是这样。我们在购买琥珀蜜蜡作品时应能想象到原石的模样及体积的大小，如果是很小的料制成的产品，其价格就会低，而如果作品很费料，或者是由比较大的料制作而成，那么其价格估计也下不来。这些我们在购买时必须要清楚，并将其作为砍价的依据之一。

缅甸琥珀吊坠

琥珀蜜蜡的质地比较软，极易受到伤害，它怕高温、怕暴晒、怕污染、怕化学有机溶剂……因此懂保养对于琥珀蜜蜡的收藏是至关重要的。保养主要有清洗、盘玩、日常维护等环节，在这个过程中，也能使收藏者磨练心性，体验到雅致生活的情趣，并通过盘玩，寻找到内心的宁静，领略到琥珀蜜蜡之美。更重要的是，精心的保养和爱护，可以使琥珀蜜蜡长久地保存下去，供后世品鉴和传承。

第六章

懂保养

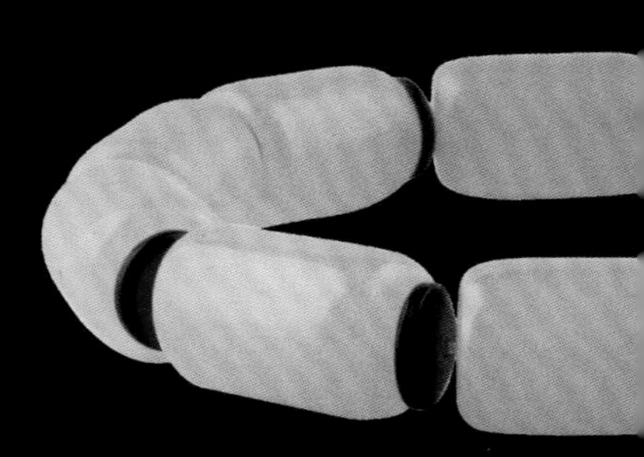

清洗

清洗是琥珀蜜蜡保养的重要的环节之一。在人们佩戴的过程当中琥珀蜜蜡不可避免地需要清洗，由于其特别容易遭受到腐蚀，所以清洗禁忌比较多。

首先不能像平时那样放在水龙头下打肥皂冲洗，而是应该放在纯净水中清洗，保证绝对无污染，而且通常水不能太冰。其次是琥珀蜜蜡不能与有乙醇成分的化妆品，如香水、指甲油、发胶等液体在一起，如果接触必然会受到腐蚀，出现变色、严重冒泡等情况。还有就是不能用刷子使劲刷洗，这样会损坏琥珀蜜蜡。最后是在洗澡和洗手时应将琥珀蜜蜡饰品卸下来，因为随意清洗会对其品质造成伤害。清洗干净之后要用软布轻轻将其擦拭干净。

总之，琥珀蜜蜡的清洗需要一定的耐心，我们应特别引起注意。

盘玩

- 文盘

当古代琥珀蜜蜡清洗过之后，收藏者就可以通过佩戴、把玩，使其达到最温润的一面。人的肌肤与琥珀蜜蜡接触是盘玩的最好方法，经过佩戴可以使其产生漂亮的包浆，越来越光泽鲜亮，美不胜收。这样的文盘方法是古代文人雅士和今天的收藏家主要使用的方法。具体方法是用不褪色的绳子，根据古琥珀蜜蜡的造型牢固地系住。佩戴的位置，有的习惯于贴身佩戴；有的习惯于佩戴在衣服之间，不直接接触皮肤；还有一些人不喜欢佩戴，而是将把件拿在手里把玩。总之根据个人喜好对古琥珀蜜蜡进行佩戴盘玩即为文盘。历代爱玉之人都对古玉文盘乐此不疲，对于琥珀蜜蜡也是这样，原因就是琥珀蜜蜡以其特有的魅力，使得每一个进行盘玩的人都必能“称心如意”。

- 武盘

由于文盘所需要的时间比较长，有的盘上几个月可能都不会有太大的变化，所以与此对应就出现了另外一种比较快速的方法，就是借助外力对古琥珀蜜蜡进行盘磨，也就是武盘。具体方法有很多，一般情况下是拿不褪色的白布不断地摩擦古琥珀蜜蜡，或者是全身都佩戴和用手把玩，以使琥珀蜜蜡达到最好的质地和产生包浆。武盘也是许多收藏爱好者经常使用的一种方法，但切忌过于急躁，不可揉搓过度或是用力过猛。当然更多的武盘是要达到仿老蜜蜡的效果，这一点在我们在鉴定时应当引起注意。

- 心盘

盘玩的现实作用十分有限，如果不采取极端的方法，有的古琥珀蜜蜡可能很长时间都不会有什么变化。其实收藏的目的并不是为了所谓的包浆，而是为了盘玩，这也是历代文人雅士、达官贵人热衷于此的重要原因。因为盘玩是“养性”的过程，不是一种学术上的概念，更多体现的是收藏者的心理活动。也正是有了人们的喜爱，琥珀蜜蜡才从化石变成了宝石，从这一角度来看，对于要求把玩和盘玩的收藏者也是可以理解的，或者说是必须要有的。

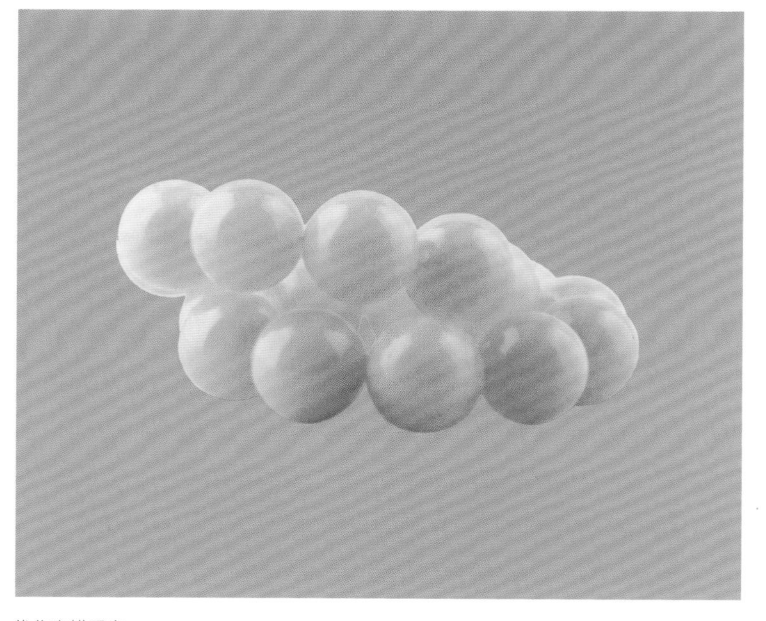

优化蜜蜡手串

基于此，本书不反对任何一种盘玩方法，但倡导对琥珀蜜蜡的心盘，既用心去体会有机宝石之美，通过琥珀蜜蜡的淡雅和油脂光泽、温润的手感等为切入点，联想到生活中的诸多美好事物，从而激发人们去追求真、善、美的勇气，寻找到内心的宁静，陶冶情操。显然在这一过程当中，是琥珀蜜蜡滋养了人。

蜜蜡山子摆件

蜜蜡优化摆件

禁忌

- **防止化学反应**

防止化学反应是盘玩的重要禁忌之一。在盘玩过程中，一些人急于使琥珀蜜蜡达到最好的质地，往往急于求成，使用一些化学试剂对琥珀蜜蜡进行抛光等，以及对古代琥珀蜜蜡进行处理，这是一种非常危险的现象。因为有的化学试剂虽然不是酒精，但是同琥珀蜜蜡接触以后，是否有害不确定。所以我们在盘玩琥珀蜜蜡的时候，通常情况下是禁止使用化学物质的，这一点无论文盘和武盘都要注意。

略有化学反应的优化琥珀雕件

略有化学反应的优化老蜡雕件

• 防止加热

传统的盘玩方法中常会提到加热，对于琥珀蜜蜡而言，这是一种很危险的方法。因为琥珀蜜蜡的熔点很低，加热可能会使其变形。这里所谓的加热并不是指作伪时所使用的手段，如煮、烤等。而是比如一直放在光照很强的地方，久而久之，琥珀蜜蜡可能会开裂，或者在色彩上发生变化。洗澡的高温水也不适合琥珀蜜蜡，虽然还未达到熔点，但对其也有伤害。再者就是将琥珀蜜蜡放在距离明火很近的地方，过高的温度都会对琥珀蜜蜡不利。

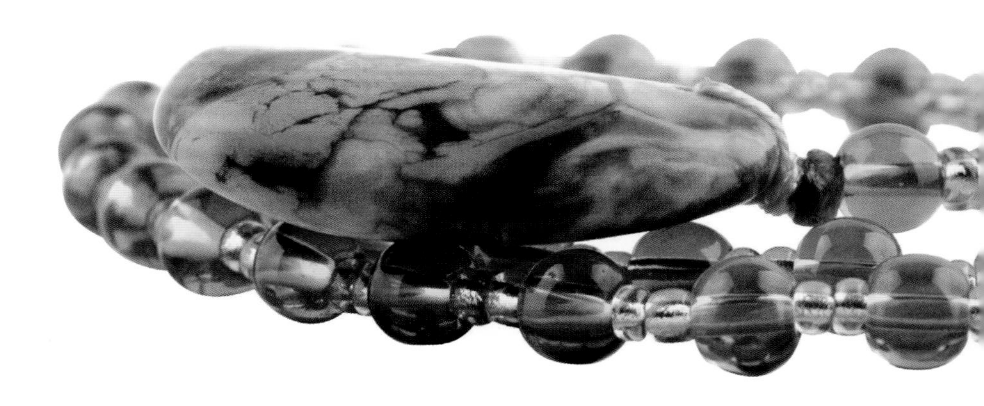

原生形成有加热痕迹的根珀吊坠

• 防止污染

很多收藏爱好者喜欢将琥珀蜜蜡放在手中把玩，即使较为理性的文盘也会把它戴在身上，在这一过程当中不免就会受到污染，如接触到一些污染物等。一旦接触到必须尽快用水清洗。另外，要保持个人卫生，避免对琥珀蜜蜡的污染，这并不是琥珀蜜蜡过于娇气，而是借由它，也是对于人们雅致生活的一种促进。

血珀项链

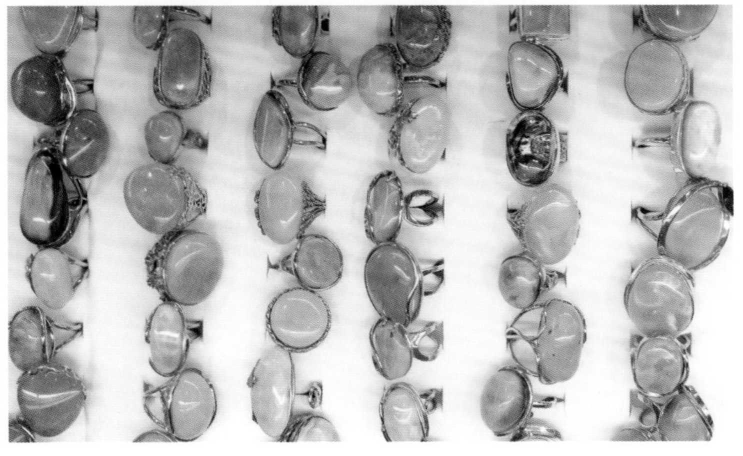

波罗的海琥珀戒指

日常维护

• 测量

无论机构还是普通的收藏者在收藏到一件古琥珀蜜蜡之后，第一步要做的就是对其进行测量，包括长度、高度、厚度等，有镂空的要测量镂空高度、厚度等。这样做的目的，一是对古琥珀蜜蜡进行研究，二是对古琥珀蜜蜡的详细信息进行记录，以防止被盗或是被调换。比如有的人家里丢了珍贵琥珀蜜蜡，但是在调查的时候没有任何有效数据依据，究竟什么样的琥珀蜜蜡丢了，给警方说不清楚，这是无论机构还是收藏爱好者公认的收藏当中所遇到的一个现实问题。

• 拍照

对收藏到的琥珀蜜蜡进行拍照，是保养当中的第二个步骤。对古琥珀蜜蜡进行全方位拍照，一般情况下不使用闪光灯，而是使用摄影专用的太阳灯。对于古琥珀蜜蜡的拍照要准确，起码正视图、俯视图和侧视图要齐全，而且根据需要还要进行局部的拍摄。一是为了确保古琥珀蜜蜡的研究资料的收集和整理，二也是保留一个完整的影像资料。

鸡油黄蜜蜡摆件

- 建立卡片

第三个步骤就是每一件藏品都建立卡片，这是现行的博物馆常用的一种方法。每一个博物馆的卡片不是很一致，但起码应该有以下内容：名称，包括原来的名字和现在的名字，以及规范的名称；其次是年代，就是这件琥珀蜜蜡的制造年代、考古学年代，对于琥珀蜜蜡而言还有它的地质年代；第三是地域，如它的制造地、使用地、原来存放地点等；第四是它的质地。第五，记录它的功能、工艺技法、形态特征，也就是器物描述。第六，它的完残特征、光泽类别、颜色描述等。此外还有它是单件，还是组件等，这些都要在卡片上体现出来。如果没有这些工作，可以说收藏者手中的古琥珀蜜蜡是非常危险的，如果丢失或出现问题，将无从查证。

- 建立账册

对于机构收藏而言，通常在测量、拍照、建立卡片、包括绘图等古琥珀蜜蜡的各项信息都完成之后，还需要建立账册。通常账册有藏品的总登记账和分类账两种。总登记账要求必须建立，一式一份，不能复制，主要内容包括文物编号、总登记号、名称、年代、质地、数量、尺寸、级别、完残程度以及入藏日期等；总登记账要求有电子和纸质两种，是文物的基本账册。藏品分类账也由总登记号、分类号、名称、年代、质地等组成，以备查阅。对于普通的收藏者而言，可以根据自己的收藏数量而决定有无必要建立账册。

- 防止磕碰

琥珀蜜蜡在保养中较为突出的一个问题就是防止磕碰。琥珀蜜蜡质地比较软，一点磕碰就会留下痕迹，如果是摔在地上还可能会碎掉。防止磕碰最主要的一点就是对待琥珀蜜蜡的态度一定要慎重，在把玩和移动时要事先做好预案。有些博物馆内收藏的琥珀蜜蜡几年甚至十几年不移动的情况很常见。但我们没有必要这样，在把玩时轻拿轻放，在桌子上铺上软垫就可以了。

磕碰痕迹明显的琥珀摆件

磕碰痕迹明显的琥珀摆件

- 防止划伤

琥珀蜜蜡硬度比较低，质地比较软，一般的锐器都可以在其身上划出较深的痕迹。防止划伤最主要的一点就是态度慎重，一般情况下应单独包装，防止划伤。

- 防止摩擦

琥珀蜜蜡硬度较低，自然经不住摩擦，一般的琥珀蜜蜡用砂纸就可以将其打磨得非常光滑。所以收藏过程中禁止与比其硬度高的硬物摩擦，以免被磨毛。这是我们在收藏当中应注意的情况。

- 预防性保护

琥珀蜜蜡本身是化石，很容易受到环境的影响，害怕强酸、强碱，怕碰、怕摔等，需要我们进行一些预防性的保护。要使古琥珀蜜蜡不受到来自于空气、保存环境、把玩、包装运输等各个环节的污染，使各个环境中的污染物含量达到标准。

• 相对温度

对于琥珀蜜蜡而言，保存的相对温度要求并不高，常温下基本上是无害的，如17~25℃的温度便是最好的。过高的温度对琥珀蜜蜡不利，可能有融化的危险，因此，放置的地方应注意选择。

• 相对湿度

一般情况下保存琥珀蜜蜡的相对湿度应保持在30%～70%，总的来看琥珀蜜蜡对于相对湿度的要求不是很高。

总之，对于琥珀蜜蜡的保护还有很多方面的要求，如避免酸雨、强碱等，诸多因素都会对琥珀蜜蜡的保养产生一定的影响。对于普通收藏爱好者而言，以上是最基本的原则，本书给收藏爱好者提供的多是一些引导，目的是提高人们对于琥珀蜜蜡收藏保养的重视程度。

蜜蜡原石

人们对于琥珀蜜蜡市场趋势的判断主要基于两个方面，一是价值判断，包含研究价值、艺术价值、经济价值，三者之间的关系是相辅相成、密不可分的，具有极高研究和艺术价值的琥珀蜜蜡，其经济价值必然会高；另外一种是关于保值和增值的辩证关系，对于琥珀蜜蜡而言主要涉及到产地、品质以及稀有品种等，只有出身高贵、品质优良的稀有品种才具备更强的保值、升值潜力，不断演绎着“寸珀寸金”的价格神话。

第七章

市场趋势

第一节
价值判断

• 研究价值

中国古代琥珀蜜蜡的研究价值非常高，影响深远，是复原人类历史的依据。

古琥珀蜜蜡有着精美绝伦的外形。选料讲究细腻程度、净度等；色纯正、自然；体厚薄均匀，弧度自然，圆度规整。我们可以试想，这反映的是古人对待琥珀蜜蜡的态度。而人们对于某一事物的态度绝不是随意的，而是有着深刻的历史大背景作为支撑的。我们可以通过对古琥珀蜜蜡的研究，获得大量当时政治、经济、文化等有关的信息。通过琥珀蜜蜡在造型上的细微变化，还可以知道当时人们的审美观念以及人们在日常生活当中的许多细节。

总之对于琥珀蜜蜡的研究具有深远的意义，对于当今科学文化的发展也有着巨大的推动作用，如在材料学、文献学、考古学、人类学、文物及博物馆学、民族学、历史学上都有着不可替代的作用。

蜜蜡原石标本

- 艺术价值

中国古代琥珀蜜蜡的成就极高，给人们以极强的视觉冲击力，使人们的身心获得了极大的享受。多数古琥珀蜜蜡都精美绝伦，价值很高，在艺术上的成就很难用语言来形容。

从质地上看，琥珀蜜蜡的质地并不是一眼就能看到的，而是要经过工匠的琢磨，将杂料去掉，才能使我们看到其最温润的一面，这是工匠追求的最高境界，虽然这只是恢复琥珀蜜蜡自然物理性的一面，但仅这一面就可以令我们叹为观止。

从造型上看，中国古代琥珀蜜蜡的造型可以说个个都是隽永之作，从汉代直至明清时期都受到人们的喜爱。当代更是这样，在造型上基本达到了一种极致。因为琥珀蜜蜡的硬度很低，造型难度不大，但同样需要一丝不苟的态度。无论是古代还是当代的琥珀蜜蜡都达到了相当高的水平，在收藏时我们可以尽情去享受它。

蜜蜡山子摆件

从纹饰上看，琥珀蜜蜡不仅以质地和造型取胜，还以纹饰取胜，有近三分之二的琥珀蜜蜡上都有纹饰。纹饰无论繁缛还是简洁，每一个笔道都线条流畅，构图合理，这种装饰纹饰的方法一直持续到当代。纹饰可以反映工匠在当时的所思所想，进而可以剥离出众多的历史信息，因而具有很高的艺术价值，是历代艺术家取之不尽的灵感源泉。总之琥珀蜜蜡在艺术价值上成就极高，主要体现在造型、纹饰上。另外，工匠们在艺术上的态度也令我们震撼，他们对待几乎所有的琥珀蜜蜡都是精益求精，从汉代一直到清代，留下了许多具有艺术震撼力的作品。

琥珀蜜蜡在艺术上最大的成就在于真正地将艺术普及化，令精美的艺术品与普通人结缘，成为人们日常生活中每天都可以欣赏到的艺术品。琥珀蜜蜡的造型并没有复杂和华丽到什么程度，而是简单而朴实，如意、佛像、平安扣、观音、佛手等，光滑、细腻、润泽，不仅可以观赏，还可以把玩，真正将艺术带入了生活。通过将造型的微缩化，使艺术由少数人的专享品走向了平民，引起人们甜蜜的回忆，进入一种美妙的意境，进而憧憬美好的未来，这不正是艺术的本质所在吗？总之，琥珀蜜蜡在艺术上的成就，是中国艺术的重要组成部分，对于现代艺术影响极为深远。

- 经济价值

琥珀蜜蜡具有很高的经济价值。琥珀蜜蜡的研究价值、艺术价值、经济价值相互联系，互为支撑。研究价值和艺术价值与经济价值呈现出正比的关系，研究价值和艺术价值越高，经济价值就会越高；反之经济价值则逐渐降低。这应该是琥珀蜜蜡在经济价值上的重要特征。

古代琥珀蜜蜡经历了漫长的岁月和不同的时代，反映了不同的社会人文情怀，所以在经济价值上可以说是非常复杂，受到许多因素的制约，如“物以稀为贵”的特性。例如由于原料来源的限制，有的古代琥珀蜜蜡在质地上并不是很好，其艺术价值也有限，但数量稀少，且具有很高的研究价值，那么它的经济价值自然也会很高。反之当代艺术价值比较高的琥珀蜜蜡，由于缺少古代文物的研究价值，同时又不具有稀缺性，那么其经济价值自然不高。

其次是品相，经济价值受到品相的影响也很大。完好无损的古琥珀蜜蜡数量非常少。再者受到了各种沁色的侵蚀，古琥珀蜜蜡的价值也会受到很大的影响。

影响经济价值的因素还有很多，如磕伤、磨毛、老化、土蚀等，都会对琥珀蜜蜡的经济价值造成影响，具体情况我们在收藏时可以慢慢体会，但瑕疵对古琥珀蜜蜡价值的影响并不是致命的，我们要综合进行判断。

第二节
保值增值分析

在漫长的岁月中，琥珀蜜蜡在地下沉积形成，已经形成了化石，同时包含着源远流长的文化底蕴。其资源稀少，为珍贵的有机宝石，色泽莹润，以蓝色、绿色、墨色、黄褐等色彩为多，多微透明，有的不透明。琥珀蜜蜡深受人们喜爱，特别是近些年来琥珀蜜蜡市场发展迅猛，增值速度很快，下面让我们具体来看一下：

形成化石的缅甸根珀吊坠

• 产地

琥珀蜜蜡的产地较多，但国内并不多，主要是辽宁抚顺和河南西峡，其他地方也有见，但规模都很小，河南西峡地区的琥珀产量也不大。国外以波罗的海沿岸国家为主，全世界产地至少有几十个国家，有一定的量。由此可见，琥珀蜜蜡作为一种有机宝石被整个世界所熟识，并不局限在某一地区，而这一特性也使得琥珀蜜蜡成为全世界藏家所追逐的藏品，成为世界性游资炒作的对象。其典型表现就是一个地方的琥珀蜜蜡价格在上升之后，其他地区的价格也会随之上升。

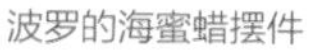

波罗的海蜜蜡摆件

波罗的海蜜蜡摆件

- 品质

琥珀蜜蜡是一种十分讲究品质的收藏品，不同的品质，价格相距甚远。国内琥珀的品质，有优质者，但总体不及波罗的海沿岸国家，如河南西峡地区所产的琥珀，据实地观测来看，只有极少数的可以作为艺术品，大多数没有雕刻和加工的价值，目前主要作为药用珀在使用。

这些因素决定了中国的琥珀蜜蜡来源主要依赖进口，近些年来波兰、俄罗斯等国的琥珀蜜蜡已经占领了市场的大部。进口虽然可以得到高品质的琥珀蜜蜡，但同时也会推高成本，这也是琥珀蜜蜡越来越贵的原因之一。不过逆向思维，在这种背景下，琥珀蜜蜡最容易与资本结缘，成为资本追逐的对象，高品质琥珀蜜蜡的价格在今后必然会扶摇直上，成为新的财富增长点。

波罗的海蜜蜡摆件

优化波罗的海金珀手串

• 稀有品种

从世界范围内来看，琥珀显然属于稀有资源，加之近年来国外琥珀的价格也水涨船高，琥珀蜜蜡进口已不可能像20世纪80年代那样几元钱一克，特别是琥珀中的稀有品种，例如血珀、金珀、虫珀、根珀等更是难得，具有较强的增值功能。目前市场上普通琥珀只有几十元一克，但一些名贵琥珀蜜蜡，如金珀的价格已达每克100元以上，同样虫珀的价格也是相当高，一些稀有的品种价格成千上万。因此琥珀蜜蜡的收藏追求的就是一种高品质，对于稀有品种的追求必将成为收藏者永恒的话题。同时稀有品种也将会具有更强的保值和升值的潜力。

- 增值分析

目前市场的琥珀蜜蜡价格每克从几十元到数百元者都有，实际上几十元的不多，主要以100~200元为主。有的人可能觉得这个价格没有沉香动辄数万元那么高，但是20世纪90年代，琥珀蜜蜡的价格每克平均只有几毛钱，有些人从国外进口优质的琥珀蜜蜡，加上关税也不过每克2~4元人民币。也就是说，十几年的时间，琥珀蜜蜡的价格就涨到每克上百元，已经是以每年平均10倍的速度上涨了。特别是这两三年，琥珀蜜蜡的价格涨速最快，有时一年可以涨到70%，显然琥珀蜜蜡还会进一步升值。

这其中的奥秘在于琥珀蜜蜡比较轻，虽然价格比较高，但一件饰品，例如一个吊坠，重量很轻，有的就几克，所以总价不高，不用花太多的代价，就可以佩戴上魅力四射的琥珀蜜蜡首饰制品，这是其作为首饰的优势。琥珀蜜蜡固有的特征契合了将贵重物品零敲碎打销售的规则，仅仅基于这一点，琥珀蜜蜡在中国的升值潜力远没有结束，需要人们进一步去等待。今后，琥珀蜜蜡价格必将会是“寸珀寸金”。

波罗的海蜜蜡摆件

主要参考文献

1 广西壮族自治区文物工作队，合浦县博物馆. 广西合浦县九只岭东汉墓［J］. 考古，2003年10期.

2 姚江波. 中国古代铜器鉴定［M］. 湖南：湖南美术出版社，2009年3月，第一版.

3 扬州博物馆. 江苏邗江县姚庄102号汉墓［J］. 考古，2000年4期.

4 南京市博物馆. 江苏南京市北郊郭家山东吴纪年墓［J］. 考古，1998年8期.

5 南京市博物馆，南京市玄武区文化局. 江苏南京市富贵山六朝墓地发掘简报［J］. 考古，1998年8期.

6 西藏自治区山南地区文物局. 西藏浪卡子县查加沟古墓葬的清理［J］. 考古，2001年6期.

7 内蒙古考古所. 辽耶律羽之墓发掘简报［J］. 文物，1996年1期.

8 南京市博物馆，雨花台区文管会. 江苏南京市邓府山明佟卜年妻陈氏墓［J］. 考古，1999年10期.

9 南京市博物馆. 江苏南京市明黔国公沐昌祚、沐睿墓［J］. 考古，1999年10期.

10 南京市博物馆. 江苏南京市板仓村明墓的发掘［J］. 考古，1999年10期.

11 苏州博物馆. 苏州盘门清代墓葬发掘简报［J］. 东南文化，2003年第9期.